Aarti Malhosia

Fundamentos da alimentação como ciência

Aarti Malhosia

Fundamentos da alimentação como ciência

ScienciaScripts

Imprint

Cover image: www.ingimage.com

This book is a translation from the original published under ISBN 978-3-659-87461-1.

Publisher:
Sciencia Scripts
is a trademark of
Dodo Books Indian Ocean Ltd. and OmniScriptum S.R.L publishing group

120 High Road, East Finchley, London, N2 9ED, United Kingdom
Str. Armeneasca 28/1, office 1, Chisinau MD-2012, Republic of Moldova, Europe
Managing Directors: Ieva Konstantinova, Victoria Ursu
info@omniscriptum.com

Printed at: see last page
ISBN: 978-620-8-63653-1

RECONHECIMENTO

Para a realização deste livro, muitas pessoas ajudaram-me e apoiaram-me. Por isso, estou grato a todos e a cada um pelo seu apoio, mas gostaria de manifestar a minha especial preocupação com as seguintes pessoas.

Estou profundamente grato aos meus avós, ao meu pai e à minha mãe, que me motivaram e encorajaram em fases cruciais da vida e, sem o seu apoio e bênção, este projeto não pode ser concluído. ***Por isso, este livro é totalmente dedicado ao Sr. e à Sra. G.P. Malhosia (papá ji e mamã ji).***

Estou grata à Dra. Sadhna M. Singh, ao Sr. Ajay Malhosia, ao Sr. Nitu Yana e a todos os meus amigos que me ajudaram na recolha e edição de dados. O meu agradecimento especial vai para todos os meus professores e mentores e um agradecimento muito especial e sincero à Profa. Dr. Atiya Qureshi

Muitas organizações governamentais e não governamentais ajudaram-me direta ou indiretamente a alargar os meus conhecimentos, a recolher referências valiosas e a ter acesso a revistas e a literatura de investigação relacionada com o meu tema.

Gostaria de exprimir a minha gratidão ao *NIN (National Institute of Nutrition), Hyderabad,* à *Nutrition Foundation of India, Nova Deli,* ao *Indian Council of Medical Research, Nova Deli,* ao *All India Institute of Medical Sciences (AIIMS), Nova Deli.*

Para recolher o meu material de estudo, gostaria de agradecer a muitas bibliotecas e aos bibliotecários dessas bibliotecas pela sua cooperação. As bibliotecas são a biblioteca da faculdade de medicina de Gandhi, a biblioteca do Bhopal Memorial Hospital and Research Center, a biblioteca do Govt.M.L.B.girls P.G.Autonomous College, a biblioteca do Govt. Geetanjali Girls College e a biblioteca Vivekananda, a biblioteca britânica.

Por último, mas não menos importante, estou a dar os meus agradecimentos especiais a Deus Todo-Poderoso por me ter proporcionado coisas e relações tão preciosas na minha vida.

Dr. Aarti Malhosia

Tabela de conteúdo

INTRODUÇÃO À CIÊNCIA ALIMENTAR

Antes de passarmos às principais correntes da ciência alimentar, comecemos por discutir a importância e a função dos alimentos para qualquer ser vivo.

ALIMENTAÇÃO: A necessidade básica

Há uma coisa que todos os homens têm em comum com os animais - a necessidade de alimentação diária. Tanto para os ricos como para os pobres, é necessária uma certa quantidade de alimentos para manter o corpo em boas condições. Mas as três refeições por dia, trezentos e sessenta e cinco dias por ano, são a desgraça das empregadas domésticas de todo o mundo. Têm de ser planeadas, preparadas e servidas com uma regularidade invariável, a fim de manter a saúde e a eficiência da família.

Embora cada agregado familiar tenha de fazer face a condições diferentes que tornam o problema mais ou menos distinto, ao mesmo tempo, existem atualmente problemas e situações a nível mundial que nos colocam a todos na mesma situação, quer façamos as nossas refeições em casa ou dependamos de hotéis e restaurantes. A guerra confrontou-nos com o facto de que cada indivíduo, no que diz respeito aos alimentos que consome, bem como noutros aspectos, já não é uma unidade por si só, mas faz parte da comunidade e é responsável perante o mundo em geral pelos seus gostos e desgostos, ou pelo excedente que consome para além das suas necessidades reais.

Importância da alimentação

Os objectivos da alimentação são promover o crescimento, fornecer força e calor, e fornecer material para reparar o desperdício que está constantemente a ocorrer no corpo. Cada respiração, cada pensamento, cada movimento, desgasta alguma porção da delicada e maravilhosa casa em que vivemos. Vários processos vitais removem essas partículas desgastadas e inúteis; e para manter o corpo em saúde, sua perda deve ser compensada por suprimentos constantemente renovados de material adequadamente adaptado para reabastecer os tecidos desgastados e prejudicados. Esse material renovador deve ser fornecido por meio de alimentos e bebidas, e o melhor alimento é aquele pelo qual o fim desejado pode ser mais prontamente e perfeitamente alcançado. A grande diversidade de carácter dos vários tecidos do corpo torna necessário que os alimentos contenham uma variedade de elementos, para que cada parte possa ser devidamente nutrida e reabastecida

O organismo utiliza os alimentos para desempenhar uma ou mais de quatro funções principais: fornecer energia, crescimento e reparação, regulação e proteção.

1. **Energia -** Os alimentos fornecem o combustível ou a energia necessária para realizar as muitas tarefas da vida quotidiana. Precisamos de energia para pensar, respirar, andar, sentar, falar e até dormir. Obtemos energia a partir de hidratos de carbono, proteínas e gorduras. É importante que comamos alimentos suficientes para suprir todas as nossas necessidades. Se não o fizermos, sentir-nos-emos cansados e apáticos. A falta de energia pode ser comparada a um carro que ficou sem gasolina. Por outro lado, se comermos mais alimentos energéticos do que o nosso corpo necessita, essa energia será armazenada no corpo como gordura. O excesso de energia armazenada faz com que o corpo fique com excesso de peso ou obeso.
2. **Crescimento e reparação -** Os alimentos fornecem os materiais necessários para construir, reparar e manter os tecidos do corpo. As proteínas, as gorduras e os minerais são os melhores nutrientes para o crescimento. Os corpos em crescimento precisam de quantidades extra destes nutrientes. Cada pessoa, quer esteja a crescer ou não, está a passar por um processo contínuo de reparação, substituindo as células feridas ou mortas. São os alimentos que fornecem os nutrientes necessários para este processo.
3. **Regulação -** Os alimentos fornecem as substâncias que ajudam a regular os processos do corpo. A água, as vitaminas e os minerais ajudam a regular a respiração, o sistema nervoso, a digestão, a circulação

sanguínea e a eliminação de resíduos do corpo. Ajudam a manter todos os sistemas do corpo a funcionar corretamente.

4. **Proteção - As vitaminas**, os minerais e as proteínas mantêm os tecidos e os órgãos do corpo saudáveis. Os órgãos saudáveis têm menos probabilidades de serem atacados por doenças.

A ALIMENTAÇÃO COMO CIÊNCIA

É a ciência aplicada dedicada ao estudo dos alimentos. O Institute of Food Technologists define a ciência alimentar como "a disciplina na qual as ciências físicas, biológicas e de engenharia são utilizadas para estudar a natureza dos alimentos, as causas de deterioração, os princípios subjacentes ao processamento de alimentos e a melhoria dos alimentos para o público consumidor". O livro Food Science define a ciência alimentar em termos mais simples como "a aplicação das ciências básicas e da engenharia para estudar a natureza física, química e bioquímica dos alimentos e os princípios do processamento de alimentos".

A ciência alimentar é uma disciplina que se ocupa de todos os aspectos técnicos dos alimentos, começando com a colheita ou o abate e terminando com a sua confeção e consumo. É considerada uma das ciências agrícolas e é geralmente considerada no domínio da nutrição.

Entre as actividades dos cientistas contam-se o desenvolvimento de novos produtos alimentares, a conceção de processos de produção desses alimentos, a escolha de materiais de embalagem, estudos sobre o prazo de validade, avaliações sensoriais do produto com painéis de peritos treinados e potenciais consumidores, bem como testes microbiológicos e químicos. Os cientistas alimentares das universidades podem estudar fenómenos mais fundamentais que estão diretamente ligados à produção de determinados produtos alimentares e às suas propriedades.

A ciência alimentar é uma ciência aplicada altamente interdisciplinar, que incorpora conceitos de muitos domínios diferentes, incluindo a microbiologia, a engenharia química e a bioquímica.

Algumas das subdisciplinas da ciência alimentar incluem o seguinte estudo:

1. Segurança alimentar ou microbiologia alimentar - causas e prevenção de doenças e afecções de origem alimentar.
2. Conservação dos alimentos-causas e prevenção da degradação da qualidade.
3. Engenharia alimentar - processos industriais utilizados no fabrico de alimentos.
4. Desenvolvimento de produtos - invenção de novos produtos alimentares.
5. Desenvolvimento sensorial - como os alimentos são percepcionados pelos sentidos do consumidor
6. Química alimentar - a composição molecular dos alimentos e a participação dessas moléculas nas reacções químicas.
7. Embalagem dos alimentos - como os alimentos são embalados para os conservar depois de terem sido transformados.
8. Gastronomia molecular - a aplicação da ciência à prática culinária e, de um modo mais geral, aos fenómenos gastronómicos.
9. Tecnologia alimentar - aspectos tecnológicos.

DESENVOLVIMENTO DA CIÊNCIA ALIMENTAR COMO DISCIPLINA

"A ciência alimentar pode ser definida como a aplicação da ciência básica e da engenharia para estudar a natureza física, química e bioquímica fundamental dos alimentos e os princípios do processamento de alimentos."

A tecnologia alimentar é a utilização da informação gerada pela ciência alimentar na seleção, conservação, transformação, embalagem e distribuição, uma vez que afecta o consumo dos mesmos alimentos nutritivos e saudáveis.

A ciência alimentar é uma disciplina sanguínea que consome dentro de si muitas especializações, como a microbiologia alimentar, a engenharia e a química. Praticamente todos os alimentos são derivados de células vivas. Os nutricionistas estão envolvidos no fabrico de alimentos para garantir que estes mantêm o seu conteúdo nutricional esperado.

Em tempos, a maioria dos cientistas, tecnólogos e pessoal de produção na área alimentar não recebeu formação formal em ciência alimentar, tal como é reconhecida atualmente. Muitas das instituições tinham departamentos organizados segundo linhas de produtos de base, como a carne e os lacticínios. A indústria alimentar, o governo e as instituições académicas continuam a empregar muitas pessoas que receberam a sua formação técnica original em ciências dos lacticínios, ciências da carne, química dos cereais, pomologia, culturas hortícolas e horticultura. Atualmente, muitas universidades na Índia e muitas outras em todo o mundo oferecem o grau de licenciatura em ciências alimentares.

RELAÇÃO E ÂMBITO DA CIÊNCIA ALIMENTAR

1. **Química alimentar -** A química alimentar abrange a composição básica, a estrutura e as propriedades dos alimentos e a química das alterações que ocorrem durante o processamento e a utilização. Os pré-requisitos devem ser cursos de química geral de alimentos, química orgânica e bioquímica.
2. **Análise alimentar -** A análise alimentar trata dos princípios, métodos e técnicas necessários para a análise física e química quantitativa dos produtos e ingredientes alimentares. A análise deve estar relacionada com as normas e regulamentos para o processamento de alimentos. Os pré-requisitos incluem cursos de química e um curso de química alimentar.
3. **Microbiologia alimentar -** A microbiologia **alimentar** é o estudo da ecologia microbiana relacionada com os alimentos, o efeito do ambiente na deterioração dos alimentos, o fabrico de alimentos, a destruição física e química e biológica dos microrganismos nos alimentos. O exame microbiológico dos géneros alimentícios e a saúde pública e o saneamento microbiológico. Um curso de microbiologia geral como pré-requisito.
4. **Transformação de alimentos -** A transformação de alimentos abrange as caraterísticas gerais das matérias-primas alimentares, os princípios de conservação dos alimentos, os factores de transformação que influenciam a qualidade, a embalagem, a gestão da água e dos resíduos e as boas práticas de fabrico e o procedimento sanitário.
5. **Engenharia alimentar -** a engenharia alimentar envolve o estudo de conceitos de engenharia e operações unitárias utilizadas no processamento de alimentos. Os princípios de engenharia devem incluir balanços materiais e energéticos, termodinâmica, fluxo de fluidos e transferências de calor e massa. Os pré-requisitos devem ser um curso de física e dois cursos de cálculo.

Além dos cursos básicos em ciências e tecnologia alimentares, outros requisitos típicos para um diploma em ciências alimentares incluem o seguinte:

1. Dois cursos de química geral seguidos de um curso de química orgânica e de bioquímica.
2. Um curso de biologia geral e um curso de microbiologia geral com aulas teóricas e práticas.
3. Um curso sobre os elementos da nutrição
4. Dois cursos de cálculo.
5. Um curso de estatística
6. Um curso de física geral.
7. Um mínimo de dois cursos em que se enfatiza a capacidade de falar e escrever.
8. Cursos de ciências humanas e sociais.

Na ausência de tais requisitos, podem ser selecionados cerca de quatro cursos de história, economia, literatura, sociologia, filosofia, psicologia e belas artes.

Os requisitos mínimos acima referidos proporcionam uma sólida formação de licenciatura no domínio da ciência alimentar. Os termos "cientistas alimentares" e "tecnólogos alimentares" são ambos comummente utilizados e têm causado alguma confusão.

Foi sugerido no passado que o termo tecnólogo alimentar foi usado para descrever aqueles com um grau de bacharelato e o termo cientista alimentar foi reservado principalmente para aqueles com um grau de mestrado ou doutoramento, bem como competência de investigação. No entanto, esta distinção não é definitiva e ambos os termos continuam a ser utilizados de forma alargada e indistinta.

PROPRIEDADES FÍSICO-QUÍMICAS DOS GÉNEROS ALIMENTÍCIOS

As propriedades físico-químicas de qualquer substância dizem respeito às propriedades físicas e químicas, às alterações, à reação de ou de acordo com a físico-química.

A físico-química alimentar é considerada um ramo da química alimentar que se ocupa do estudo das interações físicas e químicas nos alimentos em termos de princípios físicos e químicos aplicados aos sistemas alimentares, bem como das aplicações de técnicas e instrumentos físicos e químicos para o estudo dos alimentos. Este domínio engloba os "princípios físico-químicos das reacções e conversões que ocorrem durante o fabrico, manuseamento e armazenamento dos alimentos".

Propriedades físicas dos alimentos

Os alimentos são geralmente materiais complexos. As propriedades dos seus componentes determinam a qualidade dos alimentos. Os componentes dos géneros alimentícios apresentam-se sob a forma de sólidos e soluções ou sob a forma de soluções coloidais ou emulsões, o que implica vários aspectos de manipulação. Os alimentos vão desde os açúcares de mesa, ou seja, a sacarose pura, até às misturas complexas, como o pão e a carne. O leite, por exemplo, é um sistema complexo de sal, açúcar, gordura, cinzas, proteínas e água. As propriedades físicas e químicas dos alimentos estão relacionadas com os seus componentes. Por exemplo, a ação do calor sobre a carne provoca certas alterações físicas que podem ser semelhantes às alterações físicas que contêm as propriedades.

Uma alteração química depende, naturalmente, das propriedades dos alimentos. As propriedades físicas dos materiais são principalmente os sentidos que respondem ao odor, à cor, ao peso relativo e à estrutura.

As propriedades químicas da matéria são principalmente aquelas que permitem a sua transformação para fazer a outra matéria. As mudanças físicas são a transformação da matéria, apenas as suas propriedades físicas são alteradas. A água pode transformar-se em vapor e o açúcar pode dissolver-se em água. Em cada um destes casos, a substância permanece a mesma.

Independentemente das alterações físicas a que foi forçado a submeter-se, o vapor e a água são quimicamente a mesma substância, embora o açúcar dissolvido em água seja o mesmo material que o cristal branco insolúvel e possa ser recuperado evaporando cuidadosamente a água.

1. **Textura** - O carácter tátil dos alimentos pode constituir um dos seus aspectos, mas a textura dos alimentos não é avaliada apenas pelo tato. A componente estrutural dos alimentos confere-lhes uma vasta gama de propriedades designadas coletivamente por textura, sendo que um aspeto particular (componente) da textura predominante varia de alimento para alimento, por exemplo, pão e bolo.

A textura inclui qualidades como a dureza, a elasticidade, a gomosidade, a adesividade, a consistência fibrosa (desidratada), a qualidade da fatiagem, a crocância, etc., qualquer desvio em relação às caraterísticas geralmente esperadas. Consequentemente, rejeitamos bolachas moles, cereais com grumos, legumes fibrosos e fibrosos, manteiga com grumos porque a qualidade da textura é diferente. Preferimos batatas fritas estaladiças, mas também *as paranthas* devem ser macias, suaves, os doces e os bolos devem ser aveludados e escamosos.

2. A **fragilidade** - A fragilidade dos alimentos é outro aspeto da textura. Os tecidos dos legumes ou frutos crus são algo quebradiços e estaladiços, as células dos legumes e dos frutos são moderadamente resistentes à fratura pela pressão dos dentes. A qualidade textural da maçã crua é aumentada se o legume e a fruta forem estaladiços, ou seja, túrgidos com água; as folhas de salada cruas ou a cenoura crua são apreciadas pela sua crocância. Uma maçã pode ser estaladiça, mas as bolachas também. Uma porque tem água em abundância e outra porque tem pouca água. O estaladiço e a crocância dos cereais em flocos tostados e da crosta de tarte contribuem para o prazer de os comer com água; a humidade reduz a crocância. A crocância é considerada como sendo principalmente acústica.

A textura dos alimentos não se deve apenas ao seu aspeto físico, mas também ao efeito da textura no sabor. Os caramelos feitos a partir de duas porções do mesmo xarope, uma batida enquanto o outro xarope ainda está quente e a outra depois de ter arrefecido, não são exatamente iguais devido a diferenças de textura, ao passo que o gelado da mesma mistura, metade do qual é congelado de modo a que o produto seja grosso e a outra metade seja fino, tem um sabor diferente.

3. Viscosidade (resistência ao escoamento) - Está associada ao fluido e ao seu escoamento. Pode ser descrita como resistência ao escoamento. Um outro termo conhecido como plasticidade é a propriedade dos sólidos que lhes permite manter a sua forma sob uma pequena pressão. A viscosidade é a fricção interna que tende a colocar em repouso as partes do fluido que se deslocam umas em relação às outras. É medida em relação a uma viscosidade padrão, geralmente a da água a $^{25°C}$. A viscosidade de um fluido é afetada por vários factores, por exemplo, a temperatura provoca grandes alterações. No caso dos sistemas coloidais, para além da temperatura, outros factores, tais como o tamanho das partículas, a distribuição, a natureza das partículas, a forma, o volume da fase dispersa, etc., afectam a viscosidade do fluido. Quando a temperatura aumenta, a viscosidade diminui, por exemplo, o leite torna-se menos viscoso à medida que é aquecido, tal como os géis coloidais, como a gelatina e o ágar, são menos viscosos a altas temperaturas do que a baixas. A viscosidade dos colóides aumenta com o número de agregações das partículas dispersas. Por exemplo, as natas tornam-se mais viscosas quando há um aumento do número e da agregação das partículas de gordura. O aumento da quantidade de sólidos proteicos também provoca um aumento da viscosidade. Assim, a viscosidade de um creme está relacionada com a quantidade de proteína de ovo dispersa no líquido. A viscosidade do líquido influencia a taxa de transferência de calor através de misturas como os sumos de fruta. A taxa de transferência de calor através do sumo de fruta diminui à medida que a quantidade de pectina aumenta.

4. Ternura - Ternura significa suavidade, fácil de mastigar e de partir ou cortar. Um vegetal cru de alta qualidade tem uma textura estaladiça, devido à pressão que as células túrgidas exercem umas sobre as outras. Quando se colocam pedaços de legumes crus estaladiços a cozer em água a ferver, o calor desnatura o citoplasma e a membrana celular e, devido à perda de água, tornam-se tenros. Os legumes corretamente cozinhados são tenros mas firmes. O facto de ficarem moles indica uma cozedura excessiva. "TENDER MAS FIRME" significa que se mantém algo da crocância do vegetal cru.

A parede das células nos tecidos vegetais serve como elemento estrutural. As paredes celulares são distribuídas para dar suporte às plantas de acordo com os princípios básicos da engenharia mecânica. A adesão das paredes das células adjacentes contribui para a qualidade textural das matérias-primas cimentantes (pectina, celulose que é substância péctica e hemiceluloses) entre as células, fazendo-as aderir de modo a que os vegetais crus resistam à pressão dos dentes na mastigação.

Durante a cozedura, as substâncias pécticas dispersam-se na água e alteram outros materiais esqueléticos associados à parede celular.

Uma cozedura breve resulta em menos tenrura, a tenrura depende dos pedaços de legumes, dos ácidos e do tempo de cozedura.

A maciez dos produtos de pastelaria é determinada pela quantidade e distribuição do glúten. A quantidade de glúten que se desenvolve na massa é a contribuição de muitos factores, tipo de farinha, temperatura dos ingredientes, tipo de gordura para a farinha, líquido para a farinha, etc. Se a massa for demasiado tenra é "carnuda". A maciez da massa é medida pela força utilizada para quebrar a massa.

A quantidade de tecido conjuntivo está diretamente relacionada com a tenrura da carne. As peças de carne com muito tecido conjuntivo são mais duras do que as que contêm pouco tecido conjuntivo. Existem dois tipos de tecido conjuntivo: o tecido conjuntivo de elastina e o tecido conjuntivo de colagénio. O colagénio é uma proteína que se hidrolisa em gelatina a uma temperatura normal, ao passo que a elastina necessita de uma temperatura mais elevada para se tornar macia. A idade é também um fator que afecta a maciez da carne dos animais mais jovens. A localização do corte é uma indicação da sua tenrura, os músculos menos utilizados, como as costelas, são mais tenros.

5. Por outras palavras, os produtos alimentares que contêm água na bainha são designados por "suculentos", uma vez que na carne a suculência aumenta depois de cortada e se estiver deitada durante muito tempo, porque a carne tem capacidade de retenção de água. Quando a carne é marinada, a suculência aumenta.

Nos frutos, alguns citrinos, melões, uvas, etc. são frutos sumarentos; mesmo cada fruto é sumarento devido aos importantes constituintes dos frutos conhecidos como enzimas. Isto provoca alterações quando a fruta está crua, a substância péctica da parede celular está aderida nesta fase. Quando a reação enzimática começa, inicia-se o amadurecimento e a pectina transforma-se em ácidos pécticos que resultam num aumento da suculência.

PROPRIEDADES FÍSICO-QUÍMICAS DAS SUBSTÂNCIAS QUÍMICAS PRESENTES NOS ALIMENTOS

Os grupos importantes de compostos orgânicos presentes em diferentes alimentos são apresentados de seguida com as suas propriedades. A água é também um constituinte importante dos alimentos.

1. **CARBOIDRATO** - Os diferentes grupos de hidratos de carbono são os seguintes

1.a Açúcares - Os açúcares importantes que ocorrem em alguns alimentos são a glucose, a frutose, a sacarose, a lactose e a maltose. São solúveis em água. A glucose e a frutose encontram-se nos frutos e no mel. A sacarose encontra-se na cana-de-açúcar, beterraba, fruta e mel. A lactose encontra-se no leite e a maltose no malte. O açúcar tem um sabor doce.

1.b Amido e Glicogénio - São polissacáridos complexos formados pela combinação de um um grande número de moléculas de glucose. São insolúveis em água fria e formam uma dispersão coloidal em água quente. O amido está presente nos cereais, leguminosas, frutos secos, sementes oleaginosas, raízes e tubérculos e não ocorre nos alimentos de origem animal. O glicogénio está presente em pequenas quantidades em alguns alimentos de origem animal.

1.c Celulose e hemiceluloses - Encontram-se na parede celular, na casca e noutras estruturas de suporte dos alimentos vegetais. Não são digeridos pelos seres humanos.

1.d Pectina, gomas e mucilagem - A pectina encontra-se em muitos frutos e legumes. É utilizada em preparações de compotas e geleias. Algumas gomas vegetais são utilizadas como espessura em certos produtos alimentares.

2. **Aminoácidos e proteínas** - Ocorrem em pequena quantidade no estado livre em todos os alimentos. As proteínas são compostos complexos formados pela combinação de um grande número de aminoácidos. Encontram-se em todos os alimentos. Os alimentos de origem animal, as leguminosas e os frutos secos são muito ricos em proteínas, enquanto os cereais são uma fonte moderada, os vegetais são uma fonte razoável e os frutos são fontes pobres.

As proteínas formam uma dispersão coloidal na água. Exemplos familiares de proteínas são a clara do ovo, o requeijão do leite e a gelatina.

3. **Lípidos** - Os compostos mais comuns pertencentes a este grupo são as gorduras e os óleos. As gorduras e os óleos são compostos de glicerol e ácidos gordos. Além disso, vários lípidos complexos, como os fosfolípidos, estão presentes em muitos alimentos. As gorduras apresentam-se sob a forma de emulsões no leite e no ovo e os fosfolípidos contribuem para a formação da emulsão

4. **Ácidos nucleicos** - Estão presentes em quantidades variáveis em diferentes alimentos.

5. **Enzimas** - São catalisadores orgânicos que se encontram tanto nas plantas como nos alimentos de origem animal. São essenciais para as reacções bioquímicas que ocorrem nas plantas vivas e nos tecidos animais.

6. **Pigmentos** - Os alimentos vegetais contêm vários pigmentos como clorofila, xantofilas, antrocinina, carotenóides, etc. A carne contém mioglobina, enquanto a gema de ovo contém xantofilas e carotenóides.

7. **Ácidos orgânicos** - os ácidos orgânicos, como o ácido cítrico, o ácido málico, etc., estão presentes nos frutos. Estão também presentes em pequenas quantidades nos vegetais e nos tecidos animais.

8. **Polifenóis e taninos** - Ocorrem em quantidades variáveis apenas nos tecidos vegetais.

9. **Agentes aromatizantes** - Cada alimento tem um sabor caraterístico, por exemplo, o sabor do café torrado e do chá deve-se a uma série de componentes aromatizantes. Os condimentos e as especiarias têm um sabor caraterístico devido à presença de óleos essenciais e outros agentes aromatizantes.

10. **Vitaminas - as vitaminas** encontram-se em quantidades variáveis em diferentes alimentos. Uma parte das vitaminas presentes nos alimentos naturais perde-se devido à moagem e ao processamento térmico. As perdas podem ser compensadas através da fortificação dos alimentos com diferentes vitaminas.

11. **Água** - Está presente em grande quantidade, cerca de 70% a 80%, nos frutos frescos, legumes, carne, peixe, ovos e leite, enquanto que nos cereais, leguminosas, oleaginosas e frutos secos contém apenas uma pequena quantidade de água, cerca de 8% a 12%.

A presença de água na fruta fresca, nos legumes, na carne, no peixe e no ovo confere-lhes as caraterísticas de textura macia. Quando a água é removida durante a desidratação, a textura dos alimentos altera-se consideravelmente. O carácter perecível da fruta fresca, dos legumes, da carne, do peixe, do ovo e do leite deve-se ao seu elevado teor de água.

A água está presente em duas formas:

A. Água livre B. Água ligada

A. Água livre - Encontra-se na forma não ligada que pode ser facilmente removida pelo processo usual de desidratação. A água livre pode ser congelada.

B. Água ligada - Forma a parte da proteína e do amido nas moléculas dos tecidos vegetais e animais.

A água contida nos alimentos está presente em grande quantidade nos frutos frescos, vegetais, carne, peixe, ovos e leite. Os cereais, as leguminosas e as oleaginosas, os frutos secos e os alimentos desidratados contêm apenas uma pequena quantidade de água

Algumas caraterísticas da água Bound são as seguintes

1. Não pode ser congelado
2. Não pode ser removido sob pressão dos tecidos.
3. Não tem uma pressão de vapor apreciável. Algumas proteínas retêm uma grande quantidade de água ligada

De acordo com Hyed e Movan, 1 g de gelatina seca pode conter até 0,5 g de água ligada.

PRESSÃO OSMÓTICA

A osmose é o movimento de um solvente, como a água, através de uma membrana semipermeável. (Um solvente é o principal componente de uma solução, o líquido no qual outra coisa é dissolvida). Uma membrana semi-permeável é um material que permite que alguns materiais fluam através dela, mas não outros. A razão pela qual as membranas semi-permeáveis têm esta propriedade é o facto de conterem orifícios muito pequenos. As moléculas pequenas, como as da água, podem passar facilmente através dos orifícios. Mas as moléculas grandes, como as dos solutos (o componente que está a ser dissolvido, por exemplo o açúcar), não podem. Repare que as moléculas mais pequenas de água conseguem passar através dos orifícios da membrana aqui apresentada, mas as moléculas maiores de açúcar não.

A osmose move sempre um solvente numa única direção, de uma solução menos concentrada para uma solução mais concentrada.Assim, a pressão osmótica é a pressão mínima que tem de ser aplicada a uma solução para impedir o fluxo de água através de uma membrana semipermeável. É também definida como a medida da tendência de uma solução para absorver água por osmose. A pressão osmótica potencial é a pressão osmótica máxima que se poderia desenvolver numa solução se esta fosse separada da água destilada por uma membrana seletivamente permeável. O fenómeno da osmose resulta da propensão de um solvente puro se deslocar através de uma membrana semipermeável para uma solução que contém um soluto ao qual a membrana é impermeável. Este processo é de importância vital em biologia, uma vez que a membrana da célula é semipermeável. A pressão osmótica é uma propriedade coligativa, o que significa que a propriedade depende da concentração do soluto, mas não da sua identidade. Também está envolvida na difusão facilitada.

Um sistema de membranas de osmose inversa pode ser utilizado para remover água de misturas água-soluto. A pressão osmótica de alguns materiais alimentares comuns é indicada abaixo:

Alimentação	**Concentração**	**Pressão osmótica (kPa)**
Sumo de maçã	15% de sólidos	2070
Extrato de café	28% de sólidos	3450
Sumo de uva	16% de sólidos	2070
Ácido lático	1 % (m/v)	552
Lactose	4,7% (p/v)	380
Leite	9% de sólidos, sem gordura	690
Sumo de laranja	11% de sólidos	1587
Cloreto de sódio	1 % (m/v)	862
Soro de leite	6% de sólidos	690

- p/v = peso/volume

- A hipertonia é a presença de uma solução que provoca o encolhimento das células.
- A hipotonicidade é a presença de uma solução que provoca a dilatação das células.
- A isotonicidade é a presença de uma solução que não produz alterações no volume da célula.

A osmose é um processo vital nos sistemas biológicos, uma vez que as membranas biológicas são semipermeáveis. Em geral, estas membranas são impermeáveis a moléculas grandes e polares, como iões, proteínas e polissacáridos, sendo permeáveis a moléculas não polares e/ou hidrofóbicas como os lípidos, bem como a pequenas moléculas como o oxigénio, o dióxido de carbono, o azoto e o óxido nítrico.

COLÓQUIO

Quando os açúcares, a ureia, o NaCl, etc. são dissolvidos em água, o resultado é uma solução límpida e permanente. Mas se as proteínas, o amido, o glicogénio, etc., forem colocados em água, formarão uma solução espessa, opalescente e instável, que é designada por Graham, em 1861, como solução cristaloide, porque as partículas de soluto formam cristais e atravessam a membrana de pergaminho, e por solução coloidal, porque as partículas de soluto apresentam propriedades.

As ideias modernas indicam que a diferença entre uma solução verdadeira e uma solução coloidal depende do tamanho das moléculas do soluto (fase dispersa) no solvente (meio de dispersão). Se o tamanho for superior a 200 mμ, permanecem em suspensão e, se for inferior a 1 mμ, formam uma solução verdadeira. O tamanho da molécula numa solução coloidal varia de 1 mμ a 200mμ.

Se as relações soluto-solvente forem estudadas como uma série de fenómenos, verificar-se-á que, num extremo, existe uma solubilidade completa (solução verdadeira), no outro extremo, uma insolubilidade completa, enquanto que, numa fase intermédia, existirá um fenómeno de semi-solubilidade. Este fenómeno é designado por solução coloidal.

Assim, um coloide pode ser definido como uma substância (exemplo: gelatina ou citoplasma celular) que, devido ao tamanho das suas moléculas, é lentamente difusível e não solúvel em água (os seus hidratos são de consistência gelatinosa), e é incapaz de atravessar uma membrana animal (membrana semi-permeável).

Bancroft afirma que "adoptando a definição muito flexível de que uma fase é designada como coloidal quando está suficientemente dividida, a química coloidal é a química das bolhas, gotas, grãos, filamentos e películas, porque em cada um destes casos pelo menos uma dimensão da fase é muito pequena. Esta classificação não é verdadeiramente científica porque uma bolha tem uma película à sua volta e pode ser considerada como sendo constituída por gotas ou grãos coalescentes."

Aplicações de colóides no processamento de alimentos

Agentes espessantes

A utilidade de muitos produtos industriais e de consumo está fortemente dependente da sua viscosidade e propriedades de fluxo. Pastas de dentes, loções, lubrificantes e revestimentos são exemplos comuns. A maioria dos aditivos que conferem propriedades de fluxo desejáveis a estes produtos são de natureza coloidal; em muitos casos, também proporcionam estabilização e evitam a separação de fases. Desde a antiguidade, várias gomas naturais têm sido utilizadas para estes fins, e muitas continuam a ser utilizadas atualmente.

Mais recentemente, tornaram-se amplamente disponíveis materiais manufacturados cujas propriedades podem ser adaptadas a aplicações específicas. Exemplos disso são a celulose microcristalina coloidal, a carboximetilcelulose e a sílica pirogénica.

A sílica pirogénica é um pó fino (5-50 nm) de SiO2 de densidade aparente excecionalmente baixa (apenas 0,002 g cm^{-3}); a superfície total de um kg pode atingir 60 hectares (148 acres). É produzido por pulverização de $SiCl_4$ (um líquido) numa chama. É utilizado como carga, para controlo da viscosidade e do fluxo, como agente gelificante e como aditivo para reforço do betão.

1. **Colóides alimentares**

A maioria dos alimentos que ingerimos são, em grande parte, de natureza coloidal. A função dos colóides alimentares tem geralmente menos a ver com o valor nutricional do que com a aparência, textura e "sensação na boca". Estes dois últimos termos estão relacionados com as propriedades de fluxo do material, tais como a capacidade de espalhamento e a capacidade de "derreter" (transformar-se de gel em emulsão líquida) em contacto com o calor da boca.

2. Produtos lácteos

O leite é basicamente uma emulsão de óleos lipídicos ("gordura de manteiga") dispersos em água e estabilizados por fosfolípidos e proteínas. A maior parte do conteúdo proteico do leite é constituído por um grupo conhecido como caseínas, que se agregam numa estrutura micelar complexa, ligada por unidades de fosfato de cálcio.

Os estabilizadores presentes no leite fresco manterão a sua uniformidade durante 12-24 horas, mas após este período os glóbulos de gordura butírica começam a coalescer e a flutuar para o topo ("cremosidade"). De forma a retardar este processo, a maioria do leite vendido após o início dos anos 40 é submetido a um processo *de homogeneização*, no qual as partículas de óleo são forçadas a passar por um espaço estreito sob alta pressão. Isto quebra as gotas de óleo em gotas muito mais pequenas que permanecem suspensas durante a vida útil do leite.

Antes de a homogeneização se tornar comum, as garrafas de leite tinham geralmente tampas alargadas para facilitar a remoção da nata que se separava.

As estruturas da nata, do iogurte e do gelado são dominadas pelos agregados de caseína acima referidos.

O gelado é uma mistura complexa de vários tipos de colóides:

- uma emulsão (de glóbulos de matéria gorda butírica numa fase aquática muito viscosa);
- uma espuma semi-sólida constituída por pequenas bolhas de ar (100 µ) que são batidas na mistura à medida que esta é congelada. Sem estas bolhas, a mistura congelada seria demasiado dura para ser consumida convenientemente;
- um gel em que uma rede de cristais de gelo minúsculos (50 µ) está dispersa numa fase aquosa semi-vulgar que contém açúcares e macromoléculas dissolvidas.

Enquanto o leite é uma dispersão de óleo (matéria gorda butírica) em água, a manteiga e a margarina têm uma disposição "invertida" (água em óleo). Esta transformação é conseguida submetendo as gotículas de matéria gorda butírica na nata a uma agitação violenta (*batedura)* que força as gotículas a coalescerem numa massa semi-sólida dentro da qual estão incorporados restos da fase aquosa. A maior parte desta fase acaba por ser o subproduto leitelho.

3. Ovos: coloides para o pequeno-almoço, almoço e sobremesa

Um estudo detalhado dos ovos e das suas muitas funções na cozinha pode equivaler, por si só, a um mini-curso de química coloidal. Há algo de quase mágico na forma como a clara e viscosa "clara" do ovo pode ser transformada num semi-sólido branco e opaco através de um breve aquecimento, ou em formas mais complexas através de escalfar, fritar, mexer ou cozer em cremes, soufflés e merengues, para não mencionar as saborosas omeletes, quiches e delícias mais exóticas, como os pratos *eggah* (árabe) e *kuku* (persa) do Médio Oriente.

A clara de ovo crua é basicamente um sol coloidal de moléculas de proteínas de cadeia longa, todas enroladas em formas compactas e dobradas devido à ligação de hidrogénio entre diferentes partes da mesma molécula. Ao aquecer, essas ligações são quebradas, permitindo que as proteínas se desdobrem. As cadeias desnudadas podem agora emaranhar-se e ligar-se umas às outras, transformando o sol num hidrogel reticulado, agora tão denso que a luz dispersa muda a sua aparência para branco opaco.

O que acontece a seguir depende muito da habilidade do cozinheiro. A ideia é expulsar uma quantidade suficiente de água aprisionada na rede de gel para atingir a densidade desejada, mantendo, ao mesmo tempo, uma estrutura de gel suficiente para evitar a formação de uma massa borrachenta, como acontece normalmente com os ovos cozidos. Isto é especialmente importante quando a estrutura do ovo se destina a ser incorporada noutros componentes alimentares, como nos pratos cozinhados.

A chave para tudo isto é o controlo da temperatura; as proteínas da clara do ovo começam a coagular a 65°C e, se as proteínas da gema estiverem presentes, a mistura está bem endurecida a cerca de 73°; a 80°, a proteína principal (albumina) está endurecida e, muito acima disso, a rede de gel colapsará numa massa demasiado cozinhada. O limite de temperatura necessário para evitar este desastre pode ser aumentado através da adição de leite ou açúcar; a parte da água do leite dilui as proteínas, enquanto as moléculas de açúcar se ligam a elas por hidrogénio, formando um escudo protetor que mantém a cadeia de protões separada. Isto é essencial quando se cozinham cremes, mas incorporar um pouco de natas nos ovos mexidos pode igualmente ajudá-los a manter a sua suavidade.

4. Chantilly e merengues

As outras personalidades coloidais que os ovos podem apresentar são as espumas líquidas e sólidas. Em vez de aplicar calor para desdobrar as proteínas, nós as "batemos"; a força de cisalhamento de um batedor de ovos ajuda a separá-las, e as bolhas de ar que ficam presas na mistura atraem as partes hidrofóbicas das proteínas desdobradas e ajudam a mantê-las no lugar. O açúcar estabiliza a espuma ao aumentar a sua viscosidade, mas interfere com a dobragem das proteínas se for adicionado antes de a espuma estar completamente formada. O açúcar também liga a água residual durante a cozedura, retardando a sua evaporação até que as proteínas não quebradas por batimento possam ser coaguladas termicamente.

SOLS

Este termo foi aplicado a sistemas coloidais líquidos por Graham. Os solues assemelham-se a uma soluo, mas diferem destas pelo facto de as partculas dispersas serem de tamanho coloidal. Algumas das caraterísticas que diferenciam uma solução verdadeira, um sol e uma suspensão são as seguintes

SOLUÇÃO VERDADEIRA	SOLS	SUSPENSÃO
Na sub-divisão molecular	Na subdivisão coloidal	Na subdivisão mecânica
As partículas não são visíveis ao ultra-microscópio	A luz refractada das partículas é visível ao ultra-microscópio	Partículas visíveis ao microscópio ou ao olho comum
Partículas com menos de 1mμ	Partículas de 1mμ-0,1μ	Superior a 0,1 μ
A formação de gel não é caraterística	A formação de gel é caraterística	A formação de gel não é caraterística
Transparente	Transparente	Geralmente opaco
As partículas passam através da membrana de pergaminho	As partículas passam através do papel de filtro de alta qualidade, mas não através da membrana de pergaminho	As partículas não passam com papel de filtro de alta qualidade
Movimento cinético intenso	Menos cinético mas mais movimento browniano	Pouco movimento
O sistema apresenta uma pressão osmótica elevada	Apresenta baixa pressão osmótica	Não apresenta pressão osmótica

O termo fase dispersa é utilizado para distinguir as partes dos sistemas coloidais em fase dispersa e meio dispersante, fase descontínua e fase contínua e micelas e líquido inter-micelas.

Um gel (cunhado pelo químico escocês do século XIX Thomas Graham, por recorte da *gelatina*) é um material sólido, semelhante a uma geleia, que pode ter propriedades que variam de macio e fraco a duro e resistente. Os géis são definidos como um sistema reticulado substancialmente diluído, que não apresenta fluxo quando em estado estacionário. Em peso, os géis são maioritariamente líquidos, mas comportam-se como sólidos devido a uma rede reticulada tridimensional dentro do líquido. É a ligação cruzada dentro do fluido que dá ao gel a sua estrutura (dureza) e contribui para a aderência (tack). Desta forma, os géis são uma dispersão de moléculas de um líquido num sólido em que o sólido é a fase contínua e o líquido é a fase descontínua

Estado das micelas - As micelas podem ser sólidas, líquidas ou gasosas, embora o sistema gás em gás não seja obtido no estado coloidal porque as partículas de gás encontram-se sempre em tamanho molecular em vez de coloidal. Se os sistemas forem classificados de acordo com as micelas e a substância inter-micelar, podem existir sólidos no sólido, líquido no sólido, gás no sólido, sólido no líquido, líquido no líquido, gás no líquido, sólido no gás e líquido no gás. Por vezes, a classificação do sistema coloidal baseia-se apenas na fase dispersa e esta é designada como um sólido, um líquido ou um gás, consoante o material disperso.

Preparação do sistema coloidal

Para o método de preparação de sistemas coloidais, remete-se o leitor para Gortner, Ostwald, Hauser e Lynn. Através de técnicas e métodos adequados, qualquer substância pode ser colocada no estado coloidal. Para o efeito, são utilizados os métodos de dispersão ou de condensação. Ostwald descreve-o da seguinte forma: "Pode ser conseguido quer através da dispersão de substâncias não dispersas ou grosseiramente dispersas, quer através da condensação de sistemas molecularmente dispersos. Para estes fins, podem ser utilizados não só produtos químicos, mas também energia mecânica, eléctrica e outros tipos de energia."

A água passa das moléculas para o estado coloidal e para o estado de suspensão na congelação. Todas as substâncias cristalinas passam por uma zona coloidal ao entrarem em solução e ao cristalizarem a partir da solução, pois durante a cristalização o tamanho da partícula aumenta, passando das moléculas através da dimensão coloidal para a dimensão de suspensão com uma substância que cristaliza prontamente, o problema não está em chegar às dimensões coloidais, mas em estabilizá-la, uma vez atingidas essas dimensões.

Diminuição e redução do grau de dispersão da substância na preparação dos alimentos
Os métodos e os ingredientes utilizados na preparação dos alimentos depois de aumentarem ou diminuírem a dispersão. Os péptidos e as proteases da hidrólise das proteínas são de dimensões coloidais. Os amidos, quando actuados por enzimas, podem passar das suspensões para o coloide (dextrina) e depois para uma verdadeira solução (maltose e dextrose).
Calor - O aumento da temperatura pode provocar um maior ou menor grau de dispersão. O aquecimento da água aumenta a sua dispersão. O aquecimento da água aumenta a sua dispersão. A dispersão dos glóbulos de gordura no leite é aumentada pela aplicação de calor ao leite, mas quando as proteínas são coaguladas pelo calor, o grau de dispersão diminui.
Dispersão mecânica - A moagem de carne, frutos secos e cereais é um meio mecânico de dispersão. Bater e mexer também são meios de dispersão. A agitação pode evitar a formação de grumos ou aglomerados, como no caso do molho branco. Bater o creme de leite coalhado pode reduzir o tamanho das partículas, embora nem a batida nem os processos mencionados possam reduzir o tamanho das partículas o suficiente para mudar os sistemas de suspensões para sistemas coloidais. A homogeneização do leite ou das natas é um meio mecânico de aumentar a dispersão das partículas de gordura. Bater uma clara de ovo é um meio mecânico de diminuir o grau de dispersão, uma vez que provoca a coagulação parcial da clara de ovo nas paredes celulares que envolvem as bolhas de ar.
Dispersão por ácidos - A adição ou o desenvolvimento de ácido na preparação de alimentos pode provocar um maior ou menor grau de dispersão. O desenvolvimento de ácido durante a fermentação da massa de pão induz a dispersão do glúten. A adição de ácido ao leite provoca a dispersão do coágulo de caseína. O efeito do ácido em muitas proteínas depende frequentemente do pH resultante em relação ao ponto isoelétrico da proteína.
Dispersão por álcalis - A adição de álcalis também pode tender a produzir um maior ou menor grau de dispersão. No pão rápido e nos bolos, a adição de soda em quantidade superior à necessária para neutralizar a acidez da mistura pode provocar uma maior dispersão das partículas de glúten, o que resulta num grão ou miolo definido.
A sacarose é menos afetada pelos álcalis se estes não forem mais fortes do que os habitualmente utilizados na culinária. Mas quando os álcalis são adicionados aos açúcares monossacáridos, provocam a sua decomposição. As propriedades dos produtos de decomposição são diferentes das dos açúcares originais. A doçura perde-se parcial ou totalmente, dependendo da extensão da decomposição dos açúcares monossacáridos, podendo também desenvolver-se uma cor castanha.
Os legumes e os frutos são amolecidos pela adição de álcalis na cozedura por secagem e podem tornar-se pastosos devido à maior dispersão da celulose e da substância péctica. Nas leguminosas secas, os álcalis podem também aumentar a distinção de algumas das proteínas.
O leite é impedido de coalhar ou coagular por adição de álcali. A coagulação é uma dispersão reduzida da caseína, a proteína do leite. A adição de álcali aos ovos eleva a temperatura para a coagulação. Os álcalis adicionados à massa provocam um maior grau de dispersão do glúten, o que resulta numa massa líquida e pegajosa de manusear. Em quantidades maiores, a qualidade de cozedura da farinha é parcialmente destruída. Os álcalis adicionados à gelatina tendem a impedir o seu endurecimento e podem provocar uma maior dispersão na emulsão.
Dispersão por enzimas - As enzimas podem também causar um aumento ou uma diminuição do grau de dispersão nos alimentos. A coagulação do leite após a adição de renina é um exemplo de dispersão diminuída, mas a enzima proteinase na farinha aumenta a dispersão do glúten.

EMULSÃO

Uma emulsão é uma mistura de dois ou mais líquidos que são normalmente imiscíveis (não misturáveis ou não misturáveis). As emulsões fazem parte de uma classe mais geral de sistemas bifásicos de matéria designados por colóides. Embora os termos coloide e emulsão sejam por vezes utilizados indistintamente, a emulsão deve ser utilizada quando ambas as fases, dispersa e contínua, são líquidas. Numa emulsão, um líquido (a fase dispersa) está disperso no outro (a fase contínua). Exemplos de emulsões incluem vinagretes, leite, maionese e alguns fluidos de corte para trabalhar metais.
A palavra "emulsão" vem da palavra latina para "ordenhar", uma vez que o leite é uma emulsão de gordura e água, entre outros componentes.

Dois líquidos podem formar diferentes tipos de emulsões. Por exemplo, o óleo e a água podem formar, em primeiro lugar, uma emulsão óleo em água, em que o óleo é a fase dispersa e a água é o meio de dispersão. Em segundo lugar, podem formar uma emulsão de água em óleo, em que a água é a fase dispersa e o óleo é a fase externa. São também possíveis emulsões múltiplas, incluindo uma emulsão "água-em-óleo-em-água" e uma emulsão "óleo em água-em-óleo".

As emulsões, sendo líquidas, não apresentam uma estrutura interna estática. As gotículas dispersas na matriz líquida (designada por "meio de dispersão") são normalmente consideradas como estando estatisticamente distribuídas.

O termo "emulsão" é também utilizado para designar o lado foto-sensível da película fotográfica. Estas emulsões fotográficas são constituídas por partículas coloidais de halogeneto de prata dispersas numa matriz de gelatina. As emulsões nucleares são semelhantes às emulsões fotográficas, mas são utilizadas em física de partículas para detetar partículas elementares de alta energia.

Aspeto e propriedades da emulsão

As emulsões contêm tanto uma fase dispersa como uma fase contínua, sendo a fronteira entre as fases designada por "interface". As emulsões tendem a ter um aspeto turvo porque as muitas interfaces de fase dispersam a luz à medida que esta passa através da emulsão. As emulsões parecem brancas quando toda a luz é dispersa de forma igual. Se a emulsão for suficientemente diluída, a luz de frequência mais elevada e de baixo comprimento de onda será mais dispersa e a emulsão terá um aspeto mais azulado - a isto chama-se o "efeito Tyndall". Se a emulsão estiver suficientemente concentrada, a cor será distorcida em direção a comprimentos de onda comparativamente mais longos, e aparecerá mais amarela. Este fenómeno é facilmente observável quando se compara o leite magro, que contém pouca gordura, com as natas, que contêm uma concentração muito maior de gordura do leite. Um exemplo seria uma mistura de água e óleo.

Duas classes especiais de emulsões - microemulsões e nanoemulsões, com tamanhos de gotículas inferiores a 100 nm - parecem translúcidas. Esta propriedade deve-se ao facto de as ondas de luz só serem dispersas pelas gotículas se o seu tamanho exceder cerca de um quarto do comprimento de onda da luz incidente. Uma vez que o espetro visível da luz é composto por comprimentos de onda entre 390 e 750 nanómetros (nm), se as dimensões das gotículas na emulsão forem inferiores a cerca de 100 nm, a luz pode penetrar através da emulsão sem ser dispersa.[5] Devido à sua semelhança na aparência, as nanoemulsões translúcidas e as microemulsões são frequentemente confundidas. Ao contrário das nano-emulsões translúcidas, que requerem equipamento especializado para serem produzidas, as micro-emulsões são formadas espontaneamente pela "solubilização" de moléculas de óleo com uma mistura de tensioactivos, co-surfactantes e co-solventes. A concentração de tensioativo necessária numa microemulsão é, no entanto, várias vezes superior à de uma nanoemulsão translúcida e excede significativamente a concentração da fase dispersa. Devido a muitos efeitos secundários indesejáveis causados pelos tensioactivos, a sua presença é desvantajosa ou proibitiva em muitas aplicações. Além disso, a estabilidade de uma microemulsão é muitas vezes facilmente comprometida pela diluição, pelo aquecimento ou pela alteração dos níveis de pH.

As emulsões comuns são inerentemente instáveis e, portanto, não tendem a formar-se espontaneamente. Para formar uma emulsão, é necessário um aporte de energia - através de agitação, agitação, homogeneização ou exposição a ultra-sons potentes. Com o tempo, as emulsões tendem a reverter para o estado estável das fases que as compõem. Um exemplo disto é a separação dos componentes de óleo e vinagre do vinagrete, uma emulsão instável que se separa rapidamente a menos que seja agitada quase continuamente. Existem excepções importantes a esta regra - as microemulsões são termodinamicamente estáveis, enquanto as nanoemulsões translúcidas são cineticamente estáveis.

O facto de uma emulsão de óleo e água se transformar numa emulsão "água em óleo" ou numa emulsão "óleo em água" depende da fração volumétrica de ambas as fases e do tipo de emulsionante (tensioativo) presente. Em geral, aplica-se a regra de Bancroft. Os emulsionantes e as partículas emulsionantes tendem a promover a dispersão da fase em que não se dissolvem muito bem. Por exemplo, as proteínas dissolvem-se melhor em água do que em óleo e, por isso, tendem a formar emulsões óleo em água (ou seja, promovem a dispersão de gotículas de óleo numa fase contínua de água).

A estrutura geométrica de uma mistura de emulsão de dois líquidos liofóbicos com uma grande concentração do componente secundário é fractal: As partículas da emulsão formam inevitavelmente estruturas dinâmicas não homogéneas em pequena escala de comprimento. A geometria destas estruturas é fractal. O tamanho das irregularidades elementares é regido por uma função universal que depende do conteúdo volumétrico dos componentes. A dimensão fractal destas irregularidades é de 2,5.

Tipos de emulsão

As emulsões são classificadas como emulsões diluídas ou concentradas. Na emulsão diluída, que se designa por hidrossol, apenas se conhecem os tipos o/w e, para uma emulsão permanente, a proporção de óleo é muito pequena, geralmente inferior a uma parte em 10.000 partes de água. Estas emulsões têm pouca importância na preparação de alimentos. A emulsão concentrada pode ser de dois tipos, consoante a fase dispersa seja água ou óleo, ou seja, água/água ou óleo/água. Para obter uma emulsão concentrada estável e permanente, é necessária uma terceira substância conhecida como emulsionante ou agente emulsionante.

Natureza da emulsão

Uma emulsão tem três fases, ou partes. Uma das fases é constituída por gotículas em suspensão. Nos alimentos, estas são geralmente óleos, embora nem sempre. A segunda fase é a fase contínua, também designada por meio de dispersão, que nos alimentos é geralmente a água. Se o óleo e a água forem misturados, separam-se de uma só vez e com uma linha nítida definida.

Para manter as gotículas de um líquido suspensas noutro líquido imiscível, é necessária uma terceira substância cujas moléculas tenham a mesma afinidade por ambas as substâncias imiscíveis. A afinidade deve ser parcialmente desigual; estas substâncias são designadas por emulsionantes. O emulsionante pertence a um grupo de compostos designados por tensioactivos.

Emulsionante

Se dois líquidos imiscíveis forem misturados, não se misturam um com o outro e, sem a adição de um emulsionante, os dois líquidos tendem a separar-se. As gotículas de óleo coalescem para formar gotículas maiores que sobem à superfície e formam uma camada separada. No entanto, é possível estabilizar uma emulsão através da adição de uma substância adequada designada por emulsionante.

Os requisitos de um emulsionante são os seguintes

a. Deve reduzir a tensão superficial, ou seja, a tensão interfacial entre o óleo e a água.

b. Estabiliza a emulsão.

c. Deve ser quimicamente estável.

d. Deve ser seletivo para formar emulsões O/W ou W/O.

e. A emulsão deve ser para alimentos, deve ser comestível e, de preferência, inodora, de cor clara e barata.

Funções da emulsão

Se um líquido como o óleo for adicionado à água, com a qual é imiscível, e a mistura for batida, as lâminas partilham o líquido e formam gotículas. A tensão superficial explica a tendência para a formação de gotículas. As moléculas na superfície de um líquido não têm a mesma liberdade de movimento que as do interior.

A força atractiva líquida sobre uma molécula no corpo principal de um líquido rodeado por todos os lados pelo mesmo tipo de moléculas é zero. Mas a atração sobre as moléculas na superfície do líquido é desequilibrada e dirige-se para o interior do líquido. Esta atração para o interior das moléculas da superfície confere-lhe o carácter de uma pele elástica. A formação de gotículas de líquido, como mostra a FIG A, deve-se a esta atração interna líquida sobre as moléculas da superfície. A formação de gotículas de líquido na FIG B deve-se a esta direção interna líquida sobre as moléculas da superfície.

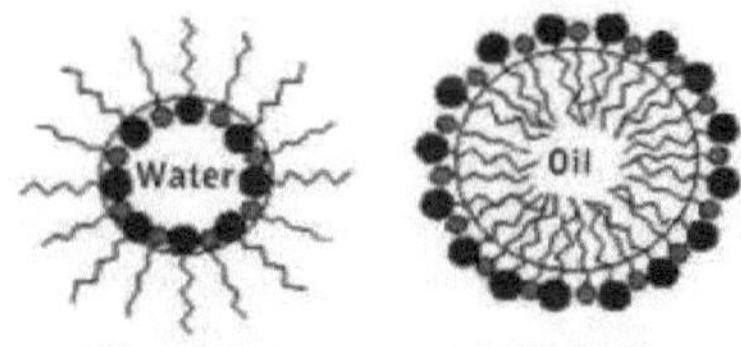

Como o óleo e a água são imiscíveis, a força normalmente aplicada através das lâminas móveis do batedor é necessária para formar gotículas de dois líquidos e mantê-las misturadas. Este estado de mistura manter-se-á apenas enquanto se continuar a bater e a agitar. Quando pára, as gotículas de cada um dos líquidos imiscíveis coalescem porque as moléculas de cada líquido têm grande afinidade entre si e pouca ou nenhuma com as moléculas do outro líquido. O óleo, por ser mais leve, sobe para o topo e a água, mais pesada, deposita-se no fundo do recipiente. Assim, há uma separação do líquido em duas fases. O plano onde as duas fases se encontram é chamado de interface.

Um emulsionante ajuda na formação de uma emulsão ao

1. Diminuição da tensão superficial de um líquido mais do que do outro e
2. Impedir a coalescência da gota do outro líquido.

O líquido com menor tensão superficial espalhar-se-á mais facilmente e tornar-se-á a fase contínua. Ao mesmo tempo, as moléculas do emulsionante devem acumular-se na interface O/W para evitar a coalescência da fase dispersa.

Vários compostos diferentes podem servir como agentes emulsionantes, mas têm esta caraterística comum. Uma parte das moléculas deve ter uma combinação de átomos que lhe permita ter afinidade e dissolver-se no óleo, ou seja, ser não polar. A outra parte da molécula deve ser de natureza polar e, portanto, ser capaz de se unir à água.

Para compreender como um emulsionante impede a coalescência de gotículas do imiscível, considere uma gota de óleo que foi mostrada pelas lâminas do batedor a partir de uma colher de óleo que foi adicionada. Antes que as gotículas de óleo tenham a hipótese de se juntarem a outras gotículas. As moléculas de um emulsionante alinham-se à volta da circunferência das gotículas de óleo. A parte lipossolúvel de cada molécula do emulsionante é orientada para a camada exterior de moléculas de gordura da gota e dissolve-se com impacto na mesma. Assim, a figura B mostra um diagrama de uma gota deste tipo. A porção solúvel em água de cada molécula está orientada para a fase contínua de água que rodeia a gota de óleo e dissolve-se nela, formando uma camada de uma molécula de espessura. A película protetora em torno da gota de óleo emulsionado é constituída por, pelo menos, três camadas - a camada mais exterior de molécula de gordura, a camada de emulsionante e a camada mais interior de molécula de água. A camada protetora de emulsionante impede que as gotículas de óleo já emulsionadas se unam com o óleo, uma vez que é adicionada se duas gotículas de óleo já emulsionadas colidirem, a película protetora impede a sua coalescência. Em alguns casos, os dispersos numa emulsão estão rodeados por uma camada de cargas eléctricas que serve ainda para estabilizar a emulsão.

O emulsionante reduz a tensão superficial e as moléculas orientam-se, sendo as partes polares atraídas para a fase aquosa e o grupo polar puxado para a água ou parcialmente para a água, enquanto o grupo não polar se orienta para a fase oleosa. Se a parte hidrofílica das moléculas for ligeiramente mais forte do que as porções hidrofóbicas, mais moléculas serão absorvidas pela fase aquosa. Isto fará com que a película interfacial, embora muito fina, desenvolva uma curvatura côncava em direção à fase oleosa.

Agentes emulsionantes

Os emulsionantes naturais incluem os fosfolípidos, a lecitina e o corante fosfatado. Os fosfolípidos são derivados da gordura em que, em vez de um ácido gordo, o ácido fosfórico é esterificado com glicerol num dos átomos de carbono terminais.

Alguns emulsionantes utilizados nos alimentos

A gema de ovo, o ovo inteiro e as pastas de amido têm funções de emulsionante em muitos produtos alimentares. A pectina e a gelatina podem ser utilizadas como emulsionantes.

Muitos emulsionantes são utilizados como emulsão industrial, medicinal e cosmética. Este livro inclui emulsionantes alimentares. Os emulsionantes comestíveis que podem ser utilizados nos alimentos são limitados. Como a goma guar acácia, a goma de feijão Caro, a goma guar, a goma karaya, a goma tragacanto, o propileno glucose e os ésteres de pectina do ácido algínico e a carbonilmetilcelulose de sódio. Estes são utilizados na preparação de molhos franceses. No pão, a lecitina, o ácido láurico, o éster diacetil-tartárico e os seus mono e di-glicéridos de gordura formam ácidos gordos. A quantidade de conservante permitida é especificada. O queijo pasteurizado pode conter um ou qualquer mistura de dois ou mais emulsionantes como fosfato de sódio mono, di, tri, citrato de sódio, citrato de potássio, citrato de cálcio, tartarato de sódio e tartarato de potássio.

Utilizações do emulsionante

O emulsionante e os estabilizadores são diferentes, mas têm a mesma tendência. A gelatina pode formar uma emulsão com óleo e estabilizar os cristais de açúcar em doces ou gelados, impedindo o seu crescimento. Como estabilizador, a pectina pode ajudar a manter as partículas de polpa de tomate suspensas em sumos de tomate ou uma goma pode manter o chocolate a endurecer no leite com chocolate.

Durante o período de 1940-1950, foi desenvolvido um grande número de substâncias para emulsionar os alimentos. Muitas destas substâncias incluíam certos ésteres parciais de sorbitol de ácidos gordos derivados de polioxietileno de ácidos gordos. Utilização do emulsionante no pão para o endurecimento do miolo após a cozedura em bolos de gordura e de tipo esponja para permitir o aumento do teor de açúcar e de água, resultando numa "textura mais fina", melhorando a leveza, a maciez e a qualidade alimentar no gelado para promover uma divisão mais fina dos glóbulos de gordura e das células de ar e nos rebuçados. O emulsionante pode controlar a proliferação de gordura na cobertura de chocolate e actua como um estabilizador para obter cristais de açúcar mais pequenos. Para caramelos cremosos, diz-se que os emulsionantes aderem aos dentes e à embalagem.

Outras utilizações são a dispersão mais uniforme de aromas em rebuçados, refrigerantes e pickles sem brilho. Os emulsionantes são também utilizados para dispersar a vitamina D no leite.

Os emulsionantes são utilizados para os voláteis selados em aromas de óleos voláteis. O óleo volátil pode ser emulsionado em gelatina ou noutro emulsionante adequado e deixado secar em grânulos. A gelatina cria uma barreira entre o óleo aromatizante e o ar. Estes grânulos podem ser utilizados em sobremesas de gelatina ou noutros produtos.

Quantidade de emulsionante

Deve existir sempre um emulsionante suficiente para estabilizar a emulsão. Mas a quantidade de emulsionante necessária pode variar para a mesma substância dispersa em diferentes circunstâncias. Um bom exemplo é a gordura do leite. No leite e nas natas, a gordura é estabilizada por fosfolípidos e proteínas. Durante a homogeneização da mistura de gelado, a área de superfície dos glóbulos de gordura aumenta enormemente. Como resultado, há muito pouco emulsionante para manter a gordura emulsionada e são adicionados sólidos de soro para ajudar na emulsificação.

Classificação do emulsionante

1. **Uma carga eléctrica** - é o meio pelo qual os hidrossóis de óleo são emulsionados. Além disso, a carga eléctrica tem um papel na estabilização da emulsão com todos os tipos de emulsionantes, mas não é o único fator de estabilização. As partículas de óleo do hidrossol de petróleo carregam negativamente.
2. **Colóides** - são os agentes emulsionantes mais importantes na preparação de alimentos. A maioria deles pode ser altamente hidratada e muitos são encontrados em alimentos naturais, bem como em alimentos preparados. As proteínas estão entre os emulsionantes mais eficientes, sendo algumas mais eficientes do que outras. Finalmente, as emulsões O/W dispersas são estabilizadas pela fase dispersa da proteína, que não é solúvel em solventes gordos. As reacções de precipitação das partículas são caraterísticas da proteína específica utilizada para proteção. As proteínas do ovo, do leite, da farinha, da gelatina e das estrelas são emulsionantes comuns utilizados nos alimentos. Os amidos e os derivados de gordura, como os mono e di-glicéridos, são também utilizados como emulsionantes.
3. **Estabilização do pó** - O pó finamente moído, como a mostarda e o colorau, constitui uma terceira classe de substâncias utilizadas como agentes emulsionantes. A paprica, a mostarda e outras especiarias em pó são utilizadas em molhos franceses, mas são emulsionantes suficientemente bons para manter o molho estável sem a utilização de um ou de uma mistura dos emulsionantes permitidos no produto.

A formação da emulsão depende do seguinte:

1. Tamanho - quanto mais pequeno for o grão, melhor será a formação da emulsão até se atingir um valor ótimo, após o qual os grãos mais pequenos têm agentes emulsionantes inferiores.
2. Quantidade - Quanto maior for a quantidade de pó disponível, mais glóbulos podem ser cobertos, desde que o pó seja suficientemente fino. O pó de zinco, o pó de ferro, a argila e a levedura são emulsionantes muito eficazes.
3. Sais - vários sais podem ser utilizados separadamente ou combinados como emulsionantes.
4. Emulsionante alimentar - A gema de ovo é o emulsionante alimentar mais eficaz. É considerada quatro vezes mais eficaz do que a clara de ovo, sendo o ovo inteiro intermédio no caso da maionese. Para um molho de salada do tipo O/W, nem a gelatina nem a pasta de amido são tão eficazes como a clara de ovo. No entanto, diz-se que a eficiência da gelatina varia consoante o pH5,5 do que a 9,6

Estabilidade da Emulsão

Isto significa que as partículas dispersas não coalescem e formam uma camada separada. Durante o armazenamento da emulsão alimentar, podem ocorrer alterações físicas nas gotículas dispersas, com a subsequente redução dos atributos de qualidade. As alterações de estabilidade nas emulsões alimentares podem ocorrer através dos processos de floculação e coalescência. Todas as emulsões são sistemas instáveis. As gotículas dispersas levam a que se juntem umas às outras. O tempo para que isto ocorra varia muito em diferentes emulsões, alguns sistemas demoram anos a quebrar alguns dos factores que afectam a estabilidade da emulsão são:

a. O emulsionante
b. A concentração do emulsionante
c. Viscosidade da fase externa
d. A razão entre a fase dispersa e a fase externa
e. Tamanho das partículas

A função do emulsionante é dupla. Ajuda a formar a emulsão e a instabilizá-la. A medida em que o emulsionante reduz a tensão superficial afecta a estabilidade. Com uma tensão interfacial elevada, a emulsão é difícil de formar e é muito instável. A força e a compactação da película interfacial são o fator mais importante na estabilidade das emulsões. Outros factores são importantes apenas para modificar as propriedades da película. Se a concentração do emulsionante for suficiente para que se forme uma película coerente em torno dos glóbulos de óleo numa emulsão O/W, a estabilidade da emulsão não é seriamente afetada pela adição de electrólitos.

Muitas investigações sublinham a importância da viscosidade da fase externa na produção de emulsões estáveis. Uma vez que as partículas dispersas se encontram no interior da fase interfacial, a sua viscosidade não afecta a da emulsão. Um emulsionante viscoso permite uma menor coalescência das partículas dispersas. As proteínas e as gomas, que produzem solues viscosos ou géis com uma concentração muito pequena, são bons exemplos de emulsionantes viscosos.

À medida que se aumenta a quantidade de óleo adicionada ao emulsionante, a emulsão torna-se mais rígida e viscosa. Esta viscosidade aumenta a estabilidade da emulsão. A diminuição do tamanho das partículas dispersas aumenta a estabilidade da emulsão, por exemplo, o leite homogeneizado.

A estabilidade da emulsão é afetada pela mudança de temperatura, a alta temperatura coagula alguns emulsionantes alimentares. Se a película for quebrada ou desidratada durante o processo, a quebra da emulsão ocorre por congelação, o que causa a separação da maionese. Na congelação, a água é retirada para formar gelo que destrói a película.

Algumas das emulsões mais comuns

Molhos cozinhados - os molhos cozinhados para saladas são líquidos acidificados (água, leite ou sumo de fruta) engrossados apenas com amido ou com ovo. Estes produtos utilizam os princípios básicos da cozedura com amido ou com ovo. A quantidade de gordura incluída nos molhos cozinhados é tão pequena que é facilmente emulsionada pelas proteínas presentes. Quando se adiciona à maionese uma quantidade de molho para salada cozinhado que reduza o teor de óleo vegetal para menos de 65%, o produto deve ser rotulado como molho para salada.

Outras emulsões - O emulsionante presente na manteiga e os adicionados à margarina quando são fabricados evitam salpicos quando estas gorduras são aquecidas.

Emulsão **quebrada** - Em determinadas circunstâncias, a película protetora que envolve a fase dispersa é distribuída e uma emulsão supostamente permanente separa-se em duas fases. Uma série de factores pode causar a rutura de uma emulsão. Permitir que a superfície da emulsão seque provoca a sua rutura, tal como permitir que uma emulsão congele. A secagem e a congelação rompem a fase contínua da água em torno da gota de gordura ou da película de emulsionante. A adição de sal à emulsão pode, por vezes, provocar a sua rutura, uma vez que o sal aumenta a tensão superficial da água. A agitação violenta ou contínua pode quebrar a emulsão quando um produto é transportado. A estabilidade do molho para salada é uma preocupação em alimentos congelados pré-cozinhados. Os molhos para salada resistem melhor à congelação e ao armazenamento congelado se o óleo utilizado não cristalizar a baixa temperatura; se forem utilizados níveis relativamente elevados de gema de ovo ou de sal e se for utilizado amido ceroso em vez de amido normal como agente espessante. Uma emulsão quebrada pode ser referida adicionando-a lentamente ao líquido (1 colher de chá de água de maionese feita com uma chávena de óleo), batendo a mistura após cada adição, ou a emulsão quebrada pode ser gradualmente agitada numa emulsão estável. Quando uma boa emulsão está a emulsionar uma emulsão quebrada, a força envolvida pode ser sentida como um arrastamento na colher ou espátula usada para combinar também.

Vinagre - O vinagre de cidra, o vinagre de vinho, o vinagre de malte e o vinagre destilado são quatro tipos comuns. O constituinte caraterístico do vinagre é o ácido acético, que é produzido por fermentação. O vinagre é fermentado em duas fases. Em primeiro lugar, uma solução de açúcar é convertida em álcool por uma levedura e, em seguida, esta bebida alcoólica é convertida numa solução de ácido acético. Os microrganismos responsáveis pela segunda fase da conversão do açúcar em ácido acético são os do grupo das acetobactérias. O vinagre de sidra é produzido a partir do sumo de maçã, o vinagre de vinho a partir do sumo de uva, o vinagre de malte a partir do grão maltado, sendo o amido deste último convertido em açúcar pelo malte ou pela cevada germinada. O vinagre destilado é obtido por fermentação de uma solução diluída de álcool. O vinagre destilado é obtido por fermentação de uma solução diluída de álcool. Durante a fermentação, formam-se outros ácidos para além do ácido acético, que reagem com o álcool para produzir ésteres que contribuem para o aroma do vinagre. O vinagre de cada fonte tem um sabor caraterístico. O vinagre no mercado é padronizado em 5% ou 4% de ácido acético. O sumo de limão tem aproximadamente 5% de ácido cítrico, pelo que a sua acidez é comparável à do vinagre. O pH do vinagre destilado tende a ser mais baixo do que o de outras formas.

Molho francês - As proporções dos ingredientes típicos do molho francês são meia a três quartos de chávena de óleo, um quarto de chávena de vinagre ou sumo de limão, meia colher de chá de colorau e mostarda, mais sal e açúcar para dar sabor. Este tipo de molho é feito agitando o óleo e o ácido (sumo de limão e vinagre) na presença do colorau e da mostarda. A emulsão que se forma é temporária. Os três quartos de chávena de óleo produzem o limite máximo de gotículas de gordura que podem ser acomodadas por um quarto de chávena de ácido e menos de meia chávena de óleo produziria tão poucas gotículas que a emulsão seria ainda mais temporária. A emulsão que se forma ao agitar o óleo e o ácido é estabilizada pelos sólidos de dois pós que se acumulam na interface entre o óleo e o ácido. Para além de fornecer partículas sólidas, a mostarda contém um constituinte tensoactivo que diminui acentuadamente a tensão superficial da água e a tensão interfacial entre a água e o óleo. A mostarda favorece a formação de uma emulsão O/W, pelo que o óleo passa a ser a fase dispersa e a água a fase contínua. As gotículas de gordura nos molhos de tipo francês são grandes porque são formadas por agitação do óleo e do vinagre. Quando a agitação cessa, as gotículas de gordura coalescem rapidamente porque a película protetora do emulsionante é demasiado fraca para proteger a fase dispersa. Alguns molhos de tipo francês não se separam em duas fases porque a emulsão foi estabilizada por gomas vegetais ou por gelatina. Estas actuam tornando a fase aquosa tão viscosa que os glóbulos de gordura não conseguem subir. As gomas vegetais utilizadas para este fim incluem o ágar-ágar, a acácia, a carabana, a karaya e o tragacanto. As gomas são também utilizadas nas natas, no queijo, outro alimento com elevado teor de gordura (33%) e elevado teor de humidade (55%).

Maionese - As proporções básicas dos ingredientes para a maionese são uma gema de ovo e meia chávena de vinagre ou sumo de limão, mais os temperos e uma chávena de óleo. A maionese é um exemplo de emulsão permanente. A técnica para fazer uma emulsão permanente é mais complicada do que a técnica para fazer uma emulsão temporária. Para fazer maionese, combinam-se o ácido, o tempero e a gema de ovo. A forma da tigela, que deve ser estreita e funda, e as lâminas do batedor utilizadas para incorporar o óleo são importantes para fazer uma boa emulsão. Além disso, tanto a mostarda como a gema de ovo reduzem a tensão interfacial entre a água e o óleo. A fração livetina da proteína da gema de ovo e as micelas parecem ser os agentes activos de superfície mais eficazes. À medida que cada porção de óleo é adicionada, a mistura é batida o suficiente para quebrar a gordura em pequenas gotas. É importante que sejam adicionadas pequenas porções de óleo no início e que cada porção de óleo seja completamente emulsionada antes de ser adicionada a seguinte. O batimento pode ser contínuo ou intermitente. Depois disso, uma parte do óleo foi emulsionada. Para evitar a quebra da emulsão, não deve ser adicionado mais óleo de uma só vez do que a quantidade que já está emulsionada. A maionese fica mais espessa à medida que mais óleo é batido. Surge a questão de saber por que razão a adição de óleo fluido à gema de ovo e ao ácido, ambos fluidos, resulta num produto tão espesso como a maionese. Primeiro, considere o que aconteceu com o óleo. Quando se separa em gotas, estas tornam-se mais numerosas e a interface entre o óleo e o ácido aumenta.

Surfactante fabricado

O monoesterato de glicerol é um emulsionante fabricado que tem sido utilizado há muitos anos. O radical do ácido esteárico não é polar e o restante do glicerol com os dois grupos hidroxilo é polar. O sabão é outro tensioativo fabricado. Diminui sensivelmente a tensão superficial da água e, ao emulsionar a gordura, aumenta o seu poder de limpeza. Nos últimos anos, foi introduzido um certo número de tensioactivos comestíveis. Alguns são ésteres de monoglicéridos de ácidos orgânicos (ácido acético, ácido cítrico, ácido lático, ácido tartárico). Estes tensioactivos, que tendem a formar cristais α, permitiram criar misturas para bolos encurtados que podem ser combinados sem que a gordura seja cremosa. O palmitato de glicerilo e lactilo é muito utilizado em bolos e misturas para bolos e os ésteres de ácido cítrico são utilizados como agente anti-respingo na margarina. Outros tensioactivos são os ésteres de ácidos gordos de outros álcoois que não o glicerol, como o propileno, o glicol e o sorbital. Os tensioactivos deste grupo incluem ésteres gordos de sorbital conhecidos como SPANS, que formam emulsões de água em óleo e ésteres gordos de polioxietileno sorbitol conhecidos como TWEEN, que formam emulsões de óleo em água. Nos bolos encurtados, os TWEEN tendem a dar humidade, enquanto os SPANS melhoram o grão, a textura e o volume. Outra substância manufacturada aprovada em 1959 pela Food and Drug Administration como estabilizador para molhos de salada é a carboximetilcelulose

GORDURAS E ÓLEOS

A gordura é um dos três principais macronutrientes: gordura, hidratos de carbono e proteínas. As gorduras, também conhecidas como triglicéridos, são ésteres de três cadeias de ácidos gordos e do álcool glicerol. Os termos "óleo", "gordura" e "lípido" são frequentemente confundidos. "Óleo" refere-se normalmente a uma gordura com cadeias curtas ou insaturadas de ácidos gordos que é líquida à temperatura ambiente, enquanto "gordura" pode referir-se especificamente a gorduras que são sólidas à temperatura ambiente. "Lípido" é o termo geral, uma vez que um lípido não é necessariamente um triglicérido. As gorduras, tal como outros lípidos, são geralmente hidrofóbicas e são solúveis em solventes orgânicos e insolúveis em água.

A gordura é um alimento importante para muitas formas de vida e as gorduras têm funções estruturais e metabólicas. São uma parte necessária da dieta da maioria dos heterótrofos (incluindo os seres humanos). Alguns ácidos gordos que são libertados pela digestão das gorduras são chamados essenciais porque não podem ser sintetizados no organismo a partir de constituintes mais simples. Existem dois ácidos gordos essenciais (EFAs) na alimentação humana: o ácido alfa-linolénico (um ácido gordo ómega 3) e o ácido linoleico (um ácido gordo ómega 6). As gorduras e outros lípidos são decompostos no organismo por enzimas chamadas lipases produzidas no pâncreas.

As gorduras e os óleos são classificados de acordo com o número e a ligação dos átomos de carbono na cadeia alifática. As gorduras saturadas não têm ligações duplas entre os carbonos da cadeia. As gorduras insaturadas têm um ou mais carbonos com ligações duplas na cadeia. A nomenclatura baseia-se na extremidade não ácida (não carbonilada) da cadeia. Esta extremidade é designada por extremidade ómega ou extremidade n. Assim, o ácido alfa-linolénico é designado por ácido gordo ómega 3 porque o terceiro carbono a contar dessa extremidade é o primeiro carbono com dupla ligação na cadeia a contar dessa extremidade. Alguns óleos e gorduras têm várias ligações duplas e são, por isso, designados por gorduras polinsaturadas. As gorduras insaturadas podem ainda ser divididas em gorduras cis, que são as mais comuns na natureza, e gorduras trans, que são raras na natureza. As gorduras insaturadas podem ser alteradas por reação com o hidrogénio afetado por um catalisador. Esta ação, designada por hidrogenação, tende a quebrar todas as ligações duplas e dá origem a uma gordura totalmente saturada. Para fazer gordura vegetal, as gorduras líquidas cis-insaturadas, como os óleos vegetais, são hidrogenadas para produzir gorduras saturadas, que têm propriedades físicas mais desejáveis, por exemplo, derretem a uma temperatura desejável (30-40 °C) e armazenam-se bem, enquanto os óleos polinsaturados ficam rançosos quando reagem com o oxigénio do ar. No entanto, as gorduras trans são geradas durante a hidrogenação como contaminantes criados por uma reação lateral indesejada no catalisador durante a hidrogenação parcial. O consumo destas gorduras trans demonstrou aumentar o risco de doenças coronárias.

As gorduras saturadas podem empilhar-se num arranjo estreitamente embalado, pelo que podem solidificar facilmente e são tipicamente sólidas à temperatura ambiente. Por exemplo, as gorduras animais sebo e banha de porco têm um elevado teor de ácidos gordos saturados e são sólidas. Os óleos de oliva e de linhaça, por outro lado, são insaturados e líquidos.

As gorduras servem tanto como fontes de energia para o corpo, como para armazenar a energia que excede as necessidades imediatas do corpo. Cada grama de gordura, quando queimada ou metabolizada, liberta cerca de 9 calorias alimentares (37 kJ = 8,8 kcal). As gorduras são decompostas no organismo saudável para libertar os seus constituintes, o glicerol e os ácidos gordos. O próprio glicerol pode ser convertido em glucose pelo fígado, tornando-se assim uma fonte de energia.

Importância da gordura para os organismos vivos

1. As gorduras são também fontes de ácidos gordos essenciais, um requisito dietético importante. Fornecem energia, como já foi referido. As vitaminas A, D, E e K são solúveis em gordura, o que significa que só podem ser digeridas, absorvidas e transportadas em conjunto com gorduras.
2. As gorduras desempenham um papel vital na manutenção de uma pele e cabelo saudáveis, no isolamento dos órgãos do corpo contra choques, na manutenção da temperatura corporal e na promoção de uma função celular saudável.
3. A gordura também serve como um amortecedor útil contra uma série de doenças. Quando uma determinada substância, seja ela química ou biótica, atinge níveis inseguros na corrente sanguínea, o corpo pode diluir eficazmente - ou pelo menos manter o equilíbrio - as substâncias agressoras, armazenando-as em novo tecido adiposo. Isto ajuda a proteger os órgãos vitais, até ao momento em que as substâncias agressoras possam ser metabolizadas ou removidas do corpo por meios como a excreção, a micção, a sangria acidental ou intencional, a excreção de sebo e o crescimento do cabelo.

Estrutura da gordura

Uma gordura é constituída por glicerol e 3 ácidos gordos. As gorduras são criadas através de 3 reacções de condensação que criam ligações éster que ligam os grupos carboxilo dos ácidos gordos aos grupos hidroxilo do glicerol. Existem dois tipos diferentes de ácidos gordos: saturados e insaturados. Num ácido gordo saturado, o número de átomos de hidrogénio é o máximo possível, pelo que não existem ligações duplas. Existem apenas ligações simples. Uma vez que os ácidos gordos saturados têm apenas ligações simples, podem ser compactados mais firmemente à temperatura ambiente, o que os torna sólidos à temperatura ambiente. Um exemplo de um ácido gordo saturado é a manteiga. Um ácido gordo insaturado tem mais uma ligação dupla. Estas ligações duplas criam uma dobra na cauda do hidrocarboneto, o que, por sua vez, resulta num empacotamento mais solto. À temperatura ambiente, é um líquido. Um exemplo disto é o óleo.

As gorduras e os óleos são os lípidos mais abundantes na natureza. Fornecem energia aos organismos vivos, isolam os órgãos do corpo e transportam as vitaminas lipossolúveis através do sangue.

Estruturas das gorduras e dos óleos

As gorduras e os óleos são designados por triglicéridos (ou *triacilgliceróis*) porque são ésteres compostos por três unidades de ácidos gordos unidas ao *glicerol*, um álcool tri-hidroxi:

$$\begin{matrix} RCOOH \\ R'COOH \\ R''COOH \end{matrix} + \begin{matrix} H_2C-OH \\ HC-OH \\ H_2C-OH \end{matrix} \xrightarrow{\text{catalyst}} \begin{matrix} H_2C-O-C(=O)-R \\ HC-O-C(=O)-R' \\ H_2C-O-C(=O)-R'' \end{matrix} + 3\,H_2O$$

Three fatty acids — Glycerol — Triglyceride

Se os três grupos OH da molécula de glicerol forem esterificados com o mesmo ácido gordo, o éster resultante é designado por *triglicérido simples*. Embora os triglicéridos simples tenham sido sintetizados em laboratório, raramente ocorrem na natureza. Em vez disso, um triglicérido típico obtido a partir de gorduras e óleos naturais contém dois ou três componentes de ácidos gordos diferentes e é, por isso, designado *por triglicérido misto*.

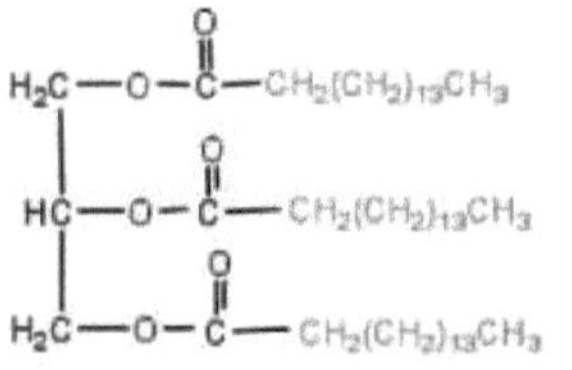

Tristearin
a simple triglyceride

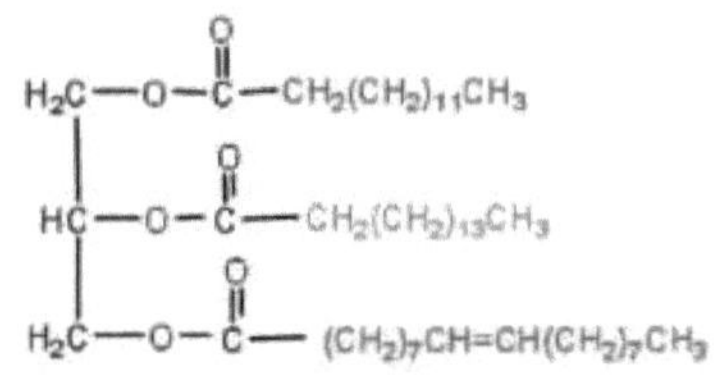

a mixed triglyceride

Um triglicérido é designado por gordura se for um sólido a 25°C; é designado por óleo se for um líquido a essa temperatura. Estas diferenças nos pontos de fusão reflectem diferenças no grau de insaturação e no número de átomos de carbono dos ácidos gordos constituintes. Os triglicéridos obtidos a partir de fontes animais são geralmente sólidos, enquanto os de origem vegetal são geralmente óleos. Por isso, fala-se habitualmente de gorduras animais e de óleos vegetais.

Não é possível escrever uma fórmula única para representar as gorduras e os óleos que ocorrem naturalmente, porque são misturas altamente complexas de triglicéridos em que estão representados muitos ácidos gordos diferentes. A composição de uma determinada gordura ou óleo pode variar em função da espécie vegetal ou animal de que provém, bem como de factores dietéticos e climáticos. Para citar apenas um exemplo, a banha de porco alimentada com milho é mais saturada do que a banha de porco alimentada com amendoim. O ácido palmítico é o mais abundante dos ácidos gordos saturados, enquanto o ácido oleico é o ácido gordo insaturado mais abundante.

*Composição média em ácidos gordos de algumas gorduras e óleos comuns (%)**

	Láurico	**Mirístico**	**Palmítico**	**Esteárico**	**Oleico**	**Linoleico**	**Linolénico**
Gorduras							
manteiga (vaca)	3	11	27	12	29	2	1
Sebo		3	24	19	43	3	1
Banha de porco		2	26	14	44	10	
Óleos							
óleo de canola			4	2	62	22	10
óleo de coco[t]	47	18	9	3	6	2	
óleo de milho			11	2	28	58	1
azeite			13	3	71	10	1
óleo de amendoim			11	2	48	32	
óleo de soja			11	4	24	54	7
***Os totais inferiores a 100% indicam a presença de ácidos gordos com menos de 12 átomos de carbono ou mais de 18 átomos de carbono.**							
[t]O óleo de coco é altamente saturado. Contém uma percentagem invulgarmente elevada de ácidos gordos saturados de baixa fusão C_8, C_{10} e C_{12}.							

Termos como *gordura saturada* ou *óleo insaturado* são frequentemente utilizados para descrever as gorduras ou óleos obtidos a partir de alimentos. As gorduras saturadas contêm uma elevada proporção de ácidos gordos saturados, enquanto os óleos insaturados contêm uma elevada proporção de ácidos gordos insaturados. O elevado consumo de

As gorduras saturadas são um fator, juntamente com o elevado consumo de colesterol, de aumento do risco de doenças cardíacas.

Funções da gordura

As gorduras e os óleos não são apenas uma fonte de energia calórica, mas também desempenham muitas funções químicas, físicas e nutricionais nos alimentos que ingerimos. Aqui estão dez das funções mais importantes que as gorduras desempenham nos alimentos.

1. Aparência

As gorduras e os óleos podem alterar a aparência de um alimento, criando uma textura visual brilhante ou húmida. A capacidade da gordura para refratar a luz é também responsável pelo aspeto opaco do leite. As gorduras também ajudam no processo de escurecimento de muitos alimentos, dando-lhes uma atraente cor castanha dourada.

2. Emulsões

As gorduras e os óleos são um componente importante na maioria das emulsões. As emulsões são a dispersão de uma gordura ou óleo em água (ou vice-versa). Existem muitas emulsões no mundo da culinária, incluindo molhos para salada, maionese, molhos e molhos de queijo.

A emulsão de gordura num líquido produz qualidades únicas de sabor e textura.

3. Sabor

A gordura tem a capacidade única de absorver e preservar os sabores. Os óleos são muitas vezes infundidos com ervas aromáticas e especiarias para preservação. As gorduras também contêm compostos que conferem sabores específicos próprios. A forma como a gordura reveste a língua e permite que os sabores se prolonguem também pode alterar uma experiência de sabor.

4. Transferência de calor

As gorduras proporcionam um dos modos mais eficientes de transferência de calor durante a cozedura. Desde fritar até saltear numa frigideira ou wok, o óleo quente é capaz de transferir elevados níveis de calor para a superfície dos alimentos sem sobreaquecer as porções interiores. A utilização de gorduras e óleos para transferir calor também facilita a formação de crosta

5. Ponto de fusão

O tipo de gordura utilizado num produto determina frequentemente o ponto de fusão do produto final. O ponto de fusão é a temperatura à qual uma substância passa de sólida a líquida. Esta caraterística é especialmente importante para itens como chocolate, glacê e molhos para salada. As gorduras saturadas, como a manteiga e a banha de porco, são sólidas e estão à temperatura ambiente, o que as torna perfeitas para a utilização em alimentos sólidos como o chocolate e as coberturas.

Os óleos vegetais são líquidos à temperatura ambiente, o que os torna perfeitos para utilização em produtos como os molhos para salada. O baixo ponto de fusão dos óleos vegetais permite que os molhos para salada se mantenham na forma líquida quando refrigerados.

6. Nutrição

As gorduras são o composto mais denso em calorias dos alimentos, pesando mais do dobro das calorias por grama das proteínas ou hidratos de carbono. Embora este facto possa não ser visto como uma vantagem na sociedade moderna atual, a capacidade de fornecer alimentos de elevada densidade energética continua a ser necessária em muitas partes do mundo. A gordura é um método eficaz de fornecer calorias quando necessário. As gorduras também são importantes para fornecer vitaminas solúveis em gordura, como as vitaminas A, E, D e K.

7. Saciedade

As gorduras desempenham um papel importante na satisfação dos alimentos ou na sensação de saciedade. Como as gorduras demoram mais tempo a digerir do que os hidratos de carbono ou as proteínas, os alimentos ricos em gordura permanecem mais tempo no estômago e atrasam a sensação de fome.

8. Encurtamento

A gordura vegetal não é apenas o nome de uma gordura sólida e estável nas prateleiras, mas é também o termo utilizado para descrever a capacidade da gordura para tornar os produtos de pastelaria tenros, impedindo a formação de filamentos de glúten. Normalmente, à medida que a massa do pão é amassada, o glúten (proteína do trigo) começa a juntar-se e a formar longos filamentos elásticos, que dão força e uma textura mastigável ao pão. Quando se adiciona gordura à massa, como nas bolachas e nas côdeas de tartes, a gordura impede a formação do glúten, mantendo assim o produto final tenro e escamoso.

9. Solubilidade

Embora as gorduras e os óleos não sejam solúveis em água, existem outros compostos químicos que só são solúveis em gorduras. Muitos destes compostos solúveis em gordura são responsáveis pelo sabor dos alimentos e até pelo conteúdo vitamínico. A inclusão de gordura nos alimentos permite obter o máximo de sabor e uma maior variedade de conteúdos nutricionais.

10. Textura

As gorduras e os óleos têm uma textura muito própria, mas também são responsáveis por tornar os produtos de pastelaria mais tenros através do processo de encurtamento (ver acima). A gordura proporciona uma sensação muito específica e lubrificante na boca, razão pela qual a maioria das bolachas ou batatas fritas secas são servidas com molhos ou cremes para barrar com elevado teor de gordura. As emulsões feitas com gordura são responsáveis pela textura cremosa de muitos produtos, como gelados, maionese e outros molhos.

PAPEL DA GORDURA E DO ÓLEO NA COZINHA

A maioria das técnicas culinárias que utilizamos dependem do óleo, quer como meio de transferência de calor, quer como aromatizante, ou geralmente ambos. A seleção do óleo adequado, a quantidade utilizada e a temperatura a que é utilizado são fundamentais para o sucesso na cozinha. Há também considerações de saúde e segurança a ter em conta.

As gorduras são os principais constituintes das margarinas, das matérias gordas da manteiga, das gorduras de cobertura e dos óleos para saladas e para cozinhar. Para além da gordura visível contida nos alimentos, as gorduras e os óleos encontram-se em grandes quantidades em muitos produtos de padaria, fórmulas infantis, produtos lácteos e alguns doces. Os óleos, a manteiga ou a margarina são por vezes utilizados diretamente nos alimentos.

Óleos alimentares

A principal utilização do óleo alimentar é a fritura, onde funciona como um meio de transferência de calor e contribui para o sabor e a textura dos alimentos. Um dos requisitos de um óleo de cozinha é que seja estável sob as condições muito abusivas da fritura, nomeadamente, altas temperaturas e humidade. Em geral, o óleo deve ser mantido a uma temperatura máxima de 180ºC durante a fritura. Fritar alimentos a uma temperatura demasiado baixa resulta numa maior absorção de gordura. A água, que é fornecida pelos alimentos que são fritos em óleo, aumenta a decomposição dos ácidos gordos que ocorre durante o aquecimento. A hidrólise resulta num óleo de má qualidade que tem um ponto de fumo reduzido, uma cor escura e um sabor alterado. Durante o aquecimento, os óleos também polimerizam, criando um óleo viscoso que é facilmente absorvido pelos alimentos e que produz um produto gorduroso. Quanto mais saturado (sólido) for o óleo, mais estável é à degradação oxidativa e hidrolítica e menor é a probabilidade de polimerização.

Os óleos ricos em ácido linolénico, como os óleos de soja e de canola, são particularmente susceptíveis a estas alterações indesejáveis. Quando o óleo de soja é parcialmente hidrogenado para reduzir o ácido linolénico de cerca de 8% para menos de 3%, é um óleo de fritura relativamente estável e é utilizado em alimentos fritos transformados, frituras em frigideiras e molhos. A estabilidade é aumentada através da utilização de sementes de algodão, óleo de milho, óleo de palma ou palmoleína ou através de uma maior hidrogenação do óleo de soja.

Os alimentos que são fritos e armazenados antes de serem consumidos, por exemplo, os snacks, requerem um óleo ainda mais estável. Os óleos mais saturados melhoram a estabilidade; no entanto, se a gordura de fritura for sólida à temperatura ambiente, produzirá uma superfície seca e baça que é indesejável em alguns produtos fritos. Quando os óleos são utilizados continuamente, como nos restaurantes, é necessária uma gordura de fritura que possa suportar uma utilização muito intensa. Nestes casos, são utilizadas gorduras mais sólidas para maximizar a estabilidade da gordura durante muitas horas de fritura.

Os óleos de fritura feitos a partir de girassol e cártamo têm uma estabilidade inferior devido aos seus ácidos gordos polinsaturados elevados e ao baixo teor de tocoferol; no entanto, os óleos de cártamo e de girassol com elevado teor de oleico que foram geneticamente desenvolvidos são óleos de fritura adequados.

Para uma utilização óptima dos óleos alimentares, é necessário distinguir entre diferentes condições de fritura. Os parâmetros mais importantes a monitorizar são a duração da utilização e a natureza dos alimentos a fritar. Se as gorduras alimentares entrarem no óleo de fritura, os componentes alimentares podem desestabilizar o óleo e o teor de água do material pode influenciar a operação de fritura. O facto de a utilização ser contínua ou intermitente é relevante, uma vez que a utilização contínua proporciona uma camada protetora de vapor de água que protege contra a oxidação. Finalmente, a temperatura deve ser considerada.

A utilização industrial de gorduras e óleos é normalmente bem controlada. O funcionamento contínuo (que implica a adição constante de óleo fresco) e os requisitos de qualidade dos produtos asseguram normalmente um bom controlo da qualidade do óleo. Nos lares, onde os óleos são normalmente utilizados durante períodos de tempo muito mais curtos e são deitados fora depois de terem sido utilizados uma ou duas vezes, os problemas de estabilidade desempenham um papel menos importante. A estabilidade dos óleos de fritura é um fator mais importante nas operações de restauração, onde o aquecimento é intermitente e os óleos podem ser utilizados durante longos períodos.

Margarinas

As margarinas devem ter alguma estrutura cristalina para manter uma consistência semi-sólida à temperatura do frigorífico e à temperatura ambiente. É necessário um derretimento acentuado à temperatura corporal para que a margarina derreta rapidamente na boca sem deixar uma sensação de cera.

O ácido oleico funde a 16°C, enquanto o ácido elaídico funde a 44°C, pelo que a presença de alguns isómeros trans pode aumentar consideravelmente o ponto de fusão e a estabilidade de um produto. As margarinas do tipo stick contêm 10-29% de ácidos gordos trans, enquanto as margarinas do tipo cuba têm 10-21% de ácidos gordos trans. Para além da hidrogenação parcial, a consistência correta da margarina pode ser obtida através

da mistura de gorduras moles e duras. Os cremes para barrar com baixo teor de gordura, por exemplo, 40% ou 60% de gordura, contêm menos ácidos gordos trans.
Outra caraterística importante na solidificação do óleo para margarinas é o tipo de cristal formado. As gorduras são polimórficas, ou seja, são capazes de formar vários tipos diferentes de cristais. Os cristais são os mais pequenos, formando um cristal liso mas instável. Os cristais são de tamanho médio, mas são geralmente desejáveis nas margarinas porque conferem uma textura suave, são bastante estáveis e garantem a plasticidade do produto. Os cristais maiores são os tipos que são estáveis e granulosos, e geralmente indesejáveis. Além disso, a forma é facilmente convertida numa estrutura dura e quebradiça. Os produtos como as gorduras líquidas e as gorduras de revestimento requerem por vezes o cristal.
Os comprimentos dos ácidos gordos e as suas posições na espinha dorsal do glicerol determinam o tipo de cristal formado. Os triacilgliceróis em certas gorduras ou óleos solidificados formam sempre o mesmo tipo de cristais, a menos que sejam adicionados outros ingredientes que alterem a formação de cristais. Para produzir margarina com maior estabilidade, é necessário ter uma variedade de triacilgliceróis com diferentes comprimentos de cadeia de ácidos gordos. Os óleos de palma e de sementes de algodão hidrogenadas contêm uma quantidade razoável de C16:0 e podem ser adicionados a outros óleos para melhorar a estrutura.

Shortenings

As gorduras são gorduras semi-sólidas que conferem uma qualidade "curta" ou tenra aos produtos de pastelaria, melhoram o arejamento dos produtos fermentados e promovem um grão e um sabor desejáveis. Revestem as proteínas do glúten da farinha, o que evita a sua dureza. Em contraste, a dureza é desejável em produtos levedados para dar uma textura mastigável. Para produtos com caraterísticas entre pães e bolos, tais como donuts, a gordura modifica o glúten e acrescenta riqueza ao produto. Nos produtos de pastelaria, as gorduras curtas são utilizadas especificamente para levedar o creme e lubrificar. Em coberturas e recheios, as gorduras ajudam a formar pequenas bolhas de ar que criam uma estrutura leve e fofa. As gorduras curtas utilizadas como gorduras de fritura estáveis fornecem um meio de aquecimento e as suas estruturas cristalinas não são importantes.
Os requisitos das gorduras com propriedades para encurtamento são bastante específicos, dependendo do alimento em que são utilizadas. As gorduras para panificação devem ter uma gama plástica tão ampla quanto possível, ou seja, o comportamento de fusão deve permanecer constante numa gama de temperaturas específica, frequentemente 24-42°C. Esta qualidade permite que a gordura seja facilmente manipulada sem derreter à temperatura ambiente e aumenta a sua capacidade de mistura. É possível obter uma vasta gama de plásticos misturando um stock parcialmente hidrogenado com óleo totalmente hidrogenado, como o óleo de soja ou de algodão e de palma. O cristal é frequentemente preferido porque resulta numa textura mais cremosa.

Óleos para saladas

Uma das principais utilizações dos óleos para salada é a preparação de molhos para salada. Os molhos para salada tradicionais, alguns dos quais são emulsionados, consistem num sistema de duas fases de óleo e água com 55-65% de óleo. Um óleo de salada reveste os ingredientes da salada, espalhando o sabor do molho que melhora a palatabilidade da salada. A outra grande utilização dos óleos de salada é na maionese e nos molhos espessos para salada, que contêm 80 e 35-50% de óleo, respetivamente. O óleo da maionese é responsável pela viscosidade, enquanto os óleos dos molhos espessos para salada ajudam a modificar a sensação na boca da pasta de amido que engrossa o produto.
Um óleo de salada não deve conter cristais sólidos que, quando refrigerado, dêem uma textura cerosa e sebosa, quebrem a emulsão formada entre a água e o óleo ou dêem ao produto um aspeto turvo. Os óleos podem ser submetidos a um processo de invernação, que elimina os cristais sólidos formados à temperatura do frigorífico.
Normalmente, são utilizados óleos de soja, canola, sementes de algodão de inverno, cártamo, girassol e milho, não hidrogenados ou parcialmente hidrogenados. O azeite tem um sabor único e, embora forme cristais à temperatura do frigorífico, é frequentemente servido à temperatura ambiente como óleo para saladas.

Triglicéridos de cadeia média (MCT)

Para além das gorduras alimentares comuns, as fracções lipídicas, como os triglicéridos de cadeia média (óleo MCT), são utilizadas em preparações terapêuticas especializadas. O óleo MCT é uma fração do óleo de coco que contém ácidos gordos de 8-10 átomos de carbono em triacilgliceróis. O óleo MCT é utilizado em fórmulas para alimentação entérica e em dietas para doentes com síndromes de má absorção.

Tipos de gorduras e óleos para cozinhar - Pontos de fumo das gorduras e óleos

As gorduras não são todas iguais. Quanto mais refinado for um óleo, mais elevado é o seu ponto de fumo. Isto deve-se ao facto de a refinação remover as impurezas que podem provocar o fumo do óleo.

Gorduras saturadas:

As gorduras saturadas são principalmente gorduras animais e são sólidas à temperatura ambiente. Estas gorduras incluem a manteiga, o queijo, o leite gordo, o gelado, as gemas de ovo, a banha de porco e as carnes gordas. Algumas gorduras vegetais também são ricas em gorduras saturadas, como o óleo de coco e os óleos de palma. As gorduras saturadas aumentam o colesterol no sangue mais do que qualquer outro alimento ingerido. Ao utilizar os óleos e gorduras certos pelas razões certas, pode preservar os benefícios para a saúde. Os seus alimentos não só terão o melhor sabor, como também serão saudáveis.

Gorduras insaturadas: Estas gorduras podem provir tanto de produtos animais como de produtos vegetais. Existem três tipos:

1. **Gorduras monoinsaturadas** - Normalmente provêm de sementes ou frutos secos, como os óleos de abacate, azeitona, amendoim e canola. Estas gorduras são líquidas à temperatura ambiente.
2. **Gorduras polinsaturadas** - São normalmente provenientes de vegetais, sementes ou frutos secos, como os óleos de milho, cártamo, girassol, soja, algodão e sésamo. Estas gorduras são líquidas à temperatura ambiente.
3. **Ácidos gordos** trans - As gorduras trans são produzidas quando o óleo líquido é transformado numa gordura sólida, como a gordura vegetal ou a margarina. Este processo é designado por hidrogenação. As gorduras trans actuam como as gorduras saturadas e podem aumentar o seu nível de colesterol.

Pontos de fumo de gorduras e óleos:

Com base na classificação acima, o óleo de cozinha ideal deve conter quantidades mais elevadas de gorduras monoinsaturadas e polinsaturadas, com um mínimo ou ausência de gorduras saturadas e gorduras trans. Diferentes gorduras e óleos têm diferentes utilizações. Cada um funciona melhor numa determinada gama de temperaturas. Alguns são feitos para cozinhar em lume forte, enquanto outros têm sabores intensos que são melhor apreciados quando regados diretamente nos alimentos.

O ponto de fumo de um óleo ou gordura é a temperatura a que este liberta fumo. O ponto de fumo de um óleo depende, em grande medida, da sua pureza e idade no momento da medição. Uma regra simples é que quanto mais clara for a cor do óleo, mais elevado é o seu ponto de fumo. Ao fritar, é importante escolher um óleo com um ponto de fumo muito elevado. A maioria dos alimentos é frita entre as temperaturas de 350-450 graus Fahrenheit, pelo que é melhor escolher um óleo com um ponto de fumo superior a 400 graus.

Mesmo o cozinheiro mais casual precisa de, pelo menos, dois óleos: um óleo de alta temperatura (400°F+) para fritar, saltear e fritar, e um óleo saboroso como o azeite virgem extra para saladas e cozinhar a baixa temperatura.

O calor elevado destrói os óleos (os poli-insaturados mais rapidamente do que os outros) e os subprodutos da decomposição não têm bom sabor e são possivelmente cancerígenos. Pode utilizar um óleo de alta temperatura a baixas temperaturas (sacrificando o sabor), mas nunca utilize um óleo acima da sua gama nominal. Com óleos aromáticos, mantenha-se longe do máximo ou perderá o sabor pelo qual pagou mais.

Os factores de saúde também são tidos em conta, mas há uma grande controvérsia em torno dos óleos e gorduras alimentares. Muitos chefes de cozinha de topo estão agora a regressar às gorduras e óleos tradicionais.

Armazenamento de óleos

A maioria dos óleos é altamente perecível porque as gorduras insaturadas estão sujeitas à oxidação e ao ranço. Todos contêm quantidades significativas de gorduras insaturadas (com a notável exceção do óleo de coco, que é quase eterno). Os produtos com elevado teor de polinsaturados são mais vulneráveis e devem ser utilizados no prazo de 6 meses após a sua abertura, enquanto os monoinsaturados (azeite) duram um ano se forem corretamente armazenados.

Armazenado corretamente significa num frasco de vidro bem fechado ou numa lata de óleo num local fresco e escuro. Pode guardar os óleos durante muito mais tempo se os refrigerar, mas todos (exceto o óleo de cártamo) solidificam até certo ponto, especialmente o azeite. Isto não é prejudicial e, se forem deixados à temperatura ambiente durante algum tempo, voltam a liquefazer-se. Eu guardo o óleo de sésamo escuro no frigorífico, mas o resto é suficientemente rápido para ser guardado à temperatura ambiente.

Métodos de cozedura

1. Saltear

Neste caso, é utilizada uma pequena quantidade de óleo a alta temperatura para dourar rapidamente os ingredientes. Aqueça a frigideira moderadamente, adicione o óleo e aumente o lume para que o óleo atinja a sua temperatura máxima - mas não deve deitar fumo porque isso danifica o óleo. Em seguida, adicione os ingredientes e deixe-os alourar de um lado. Certifique-se de que têm bastante espaço e não os mexa. Quando estiverem prontos, vire-os para dourar o outro lado, novamente sem mexer (no caso dos legumes, terá de os mexer mais).

Saltear é uma das técnicas favoritas dos chefes de cozinha dos restaurantes porque pode ser muito rápida e requer apenas uma atenção modesta quando se é bom nisso. No entanto, é claro que saltear requer um pouco mais de prática do que a maioria dos métodos de cozedura, uma vez que é necessário obter o calor e o tempo certos através da experiência.

Um bom óleo a utilizar é o azeite puro. Outros óleos e gorduras podem ser utilizados com o devido cuidado com a temperatura.
As carnes devem ser tenras ou endurecerão. Consoante a receita, podem ser enfarinhadas ou não. Se não forem, devem ser secas e ligeiramente pinceladas com óleo para evitar que se colem. Se forem enfarinhadas, devem ser secas antes de serem revestidas. A carne deve ser cortada suficientemente fina para cozinhar (para cortes mais grossos, depois de salteada, a frigideira pode ser levada diretamente para um forno quente para terminar a cozedura). Os legumes devem ser cortados de modo a cozerem todos ao mesmo tempo, os legumes duros em pedaços pequenos e os legumes moles em pedaços maiores (ou pode cortá-los uniformemente e adicioná-los por fases).
Nalguns casos, podem ser adicionados mais ingredientes no final do salteado e a frigideira pode ser "desengordurada" (com vinho ou flambada com brandy) para dar um sabor adicional, ou pode ser feito um molho.
Equipamento: A frigideira coberta de lados rectos a que chamamos frigideira de saltear não é o dispositivo ideal para saltear e seria mais corretamente designada por "frigideira de refogar". O dispositivo ideal para saltear é uma frigideira pouco funda com lados inclinados e muito boas propriedades condutoras de calor (ferro fundido ou núcleo de alumínio inoxidável ou semelhante).

2. **Refogar - Fogão e forno**

Neste caso, começa-se por fritar os ingredientes principais numa pequena quantidade de óleo, à semelhança do salteado ou do refogado. Os ingredientes podem ser adicionados durante o processo, por exemplo, começando com a cebola, acrescentando depois a carne, o alho e o gengibre enquanto continua a fritar. Depois de atingir o estado adequado de dourado, adiciona-se uma pequena quantidade de água ou caldo (e provavelmente mais alguns ingredientes), tapa-se bem e deixa-se cozer em lume brando no fogão ou num forno pré-aquecido até os ingredientes estarem tenros. A receita é frequentemente terminada no fogão.
Os óleos mais comuns são a manteiga e/ou o azeite (cortar a manteiga com azeite torna-a um pouco menos sensível à temperatura). Podem ser utilizados outros. Os ingredientes principais podem ser cortados em cubos, ou podem ser colocados inteiros e rodados de vez em quando para alourar de todos os lados.
Para refogar no fogão, depois de alourar, coloque água ou caldo suficiente para subir cerca de 1/3 da profundidade dos ingredientes. Tape bem e leve a lume brando. Verifique o líquido de vez em quando e vire os ingredientes para que a cozedura seja uniforme. A panela nunca deve ficar seca. A carne está pronta quando estiver tenra como um garfo.
Para refogar no forno, após o passo de alourar, coloque água ou caldo suficiente para subir cerca de 1/4 da profundidade dos ingredientes. Tape bem e coloque-a num forno pré-aquecido a uma temperatura entre 325°F/160°C e 350°F/175°C. A carne está pronta quando estiver tenra como um garfo.
Quer sejam cozinhados no fogão ou no forno, muitos pratos acabam por voltar ao fogão para serem finalizados. Muitas vezes, os ingredientes principais são retirados e os restantes ingredientes são transformados num molho que acompanha os ingredientes principais.
Equipamento: Para refogar no fogão ou no forno, utilizam-se fornos holandeses e frigideiras com tampa. O forno holandês aqui apresentado é oval, o que eu prefiro para coisas oblongas, mas os redondos também funcionam As caçarolas cobertas também podem ser utilizadas se tiver a certeza de que são à prova de fogo.

3. **Cozinhar**

Estufar é praticamente o mesmo que refogar, exceto que se coloca água ou caldo suficiente para cobrir os ingredientes. Mais uma vez, começa no fogão com o alourar e geralmente termina no fogão com o tempero final, redução ou engrossamento, mas a parte intermédia pode ser feita no fogão ou no forno.

4. **Fritar na frigideira**

A fritura em frigideira é semelhante ao salteado, exceto pelo facto de ser utilizado mais óleo e de os ingredientes serem mexidos e virados com mais frequência. Geralmente, os ingredientes são totalmente retirados da frigideira quando estão suficientemente dourados e o óleo não se torna parte de um molho, mas pode ser utilizado para fritar outros ingredientes.
Mais uma vez, a manteiga e o azeite são os óleos mais utilizados, mas muitos outros, incluindo a banha, a gordura de pato, a gordura de ganso (e até a gordura de galinha, se for judeu) são frequentemente utilizados - a menos que subscreva firmemente a coluna 2 da tabela de seleção acima.
Equipamento: Para fritar, a melhor frigideira é uma frigideira rasa e pesada de ferro fundido que tenha sido bem e corretamente temperada. Algumas pessoas escolhem frigideiras antiaderentes, mas eu acredito firmemente que todos os revestimentos se desgastam, rasgam, riscam, dissolvem ou queimam em pouco tempo - um tempero adequado é um revestimento antiaderente constantemente renovável. Outras pessoas utilizam o antiaderente com o único objetivo de fritar ovos mexidos e evitam-no de outra forma.
As suas belas e dispendiosas frigideiras multiusos de aço inoxidável / alumínio / cobre não são de todo ideais para frituras pesadas. Os alimentos tendem a agarrar-se mal às superfícies não temperadas e a frigideira

será muito difícil de limpar com óleo cozido. Uma frigideira de ferro bem temperada fritará lindamente e é suposto ter uma fina camada de óleo cozido - mas não deixe que se forme uma crosta que acabará por se desfazer nos alimentos.
Mais uma vez, o antiaderente não é ideal, uma vez que o revestimento se degrada e pode tornar-se tóxico se for sobreaquecido. A maioria dos cozinheiros detesta o antiaderente, com uma exceção - muitos mantêm uma frigideira antiaderente para os ovos mexidos.

5. Refogado

A fritura refere-se a uma técnica asiática geralmente executada num wok, uma frigideira larga e pouco funda de forma esférica. Esta técnica utiliza uma pequena quantidade de óleo a altas temperaturas para cozinhar os ingredientes muito rapidamente, preservando o sabor e a textura. O óleo pode tornar-se parte da receita se for feito um molho.
"Mexer" é frequentemente utilizado no contexto da cozinha ocidental simplesmente porque é mais fácil de dizer e escrever do que "fritar". A fritura oriental pode ser feita numa frigideira salteada, mas requer mais óleo e pode ser um pouco apertada para os ingredientes que murcham durante a cozedura - e não é possível colocar os ingredientes nos lados mais frios como se faz com um wok.
Em suma, os fogões ocidentais não são ideais para woks. As versões de fundo redondo têm de ser colocadas num suporte em forma de anel que pode mantê-las demasiado afastadas da chama, e a parte mais quente estará à volta do centro e não no centro.
O fogão nativo do wok é uma caixa de carvão de barro com um orifício redondo para encaixar o wok no topo. Estes fogões são muito quentes e o calor máximo encontra-se no centro do wok. Tendo isto em conta, é possível obter bons resultados num fogão ocidental...
Deve ser utilizado um óleo de alta temperatura de sabor neutro. Os óleos preferidos são o de bagaço de azeitona e o de amendoim. Dado que o tempo de fritura é muito curto e o óleo não será reutilizado, pode optar-se por um óleo mais rico em polinsaturados, como o de grainha de uva, de girassol ou de cártamo.
A fritura começa por aquecer a frigideira e deitar a quantidade necessária de óleo (normalmente 1 a 2 colheres de sopa), espalhando-o pelos lados e levando-o até à temperatura de fumo em lume muito forte (ou, se não tiver um termómetro de superfície de infravermelhos, até ver o primeiro fio de fumo). Comece a adicionar os ingredientes de acordo com a receita.
A chave para uma fritura bem sucedida é o corte e a organização. Corte os ingredientes num tamanho uniforme e suficientemente finos para que cozinhem muito rapidamente. Toda a preparação deve ser feita com antecedência porque o processo é demasiado rápido e requer demasiada atenção para permitir distracções. Se for comer arroz, este deve estar completamente cozinhado antes de começar a fritar.
Aqueça o óleo bem quente para a carne (mas nunca a fumegar, o que danifica o óleo) e moderadamente quente se começar com alho, gengibre e afins. Uma boa estratégia é cozinhar primeiro a carne a alta temperatura e pô-la de lado. Fritar os outros ingredientes a uma temperatura mais moderada e voltar a adicionar a carne quando estiver quase pronta. Tenha em atenção que o wok nunca deve ser sobrecarregado.
Se a carne tiver de ser cortada fina ou desfiada, será mais fácil se a colocar no congelador durante cerca de 20 minutos - o suficiente para a endurecer um pouco, mas não para a congelar. Comece por adicionar os ingredientes com os aromáticos (alho, gengibre, etc.) e depois por ordem de tempo de cozedura. É necessário um pouco de prática para avaliar o tempo de cozedura. Os ingredientes devem ser mantidos em movimento durante a maior parte do tempo para garantir uma cozedura uniforme.
No caso das carnes, em particular, os resultados podem não ser exatamente os descritos no livro de receitas. A sua carne (especialmente se tiver sido congelada anteriormente) pode exsudar líquido que tem de ser fervido, aumentando consideravelmente o tempo de fritura. Os autores de livros de cozinha estão normalmente habituados a fogões de restaurante com queimadores muito mais potentes do que a maioria dos fogões domésticos. Na China, os restaurantes aquecem muitas vezes o wok de tal forma que, quando se deita o óleo, este irrompe em chamas que atingem o teto - o que não é recomendado para uma cozinha doméstica normal.
Se alguns ingredientes estiverem prontos e outros ainda não, pode evitar que os que estão prontos fiquem demasiado cozinhados, colocando-os nos lados mais frios do wok. Muitas receitas requerem um final de cozedura a vapor ou de refogado coberto com uma tampa de wok bem ajustada e/ou a preparação de um molho, tal como acontece com o salteado. Pode empurrar os ingredientes para os lados e começar um molho no fundo, misturando depois os ingredientes novamente no fundo.
Equipamento: É necessário um wok, uma frigideira esférica pouco funda que, para uso doméstico, deve ter cerca de 14 polegadas de diâmetro. Para a colocar num fogão ocidental, precisa de um suporte em forma de anel e de uma espátula larga que se adapte à curva da panela. Também deve ter uma espátula com ranhuras para retirar os ingredientes e uma tampa especial para acabar de cozer a vapor ou refogar.
A melhor escolha disponível é geralmente um wok de aço-carbono de calibre pesado que se tempera bem com óleo. A maioria dos woks tem pegas em forma de laço que devem ser manuseadas com pegas de panela

ou luvas de forno.
As woks antiaderentes são uma abominação. Não aguentam as altas temperaturas e a abrasão que provavelmente encontrarão. Os woks em aço inoxidável distribuem muito mal o calor (os de várias camadas são melhores) e não aguentam um bom tempero. As woks eléctricas não aquecem o suficiente e o elemento de aquecimento está bem acima do centro, criando um anel quente onde deveria começar a arrefecer.
Se tiver de cozinhar com eletricidade (derramo uma lágrima por si), é melhor utilizar um queimador normal e um wok com uma pequena área plana no fundo. Como os queimadores eléctricos respondem muito lentamente, os cozinheiros eléctricos experientes mantêm um queimador da frente muito alto e um queimador de trás mais baixo, para poderem baralhar o wok entre os queimadores.

6. Fritura

Para fritar, aqueça o óleo muito bem (mas nunca mais do que o indicado). Tenha o cuidado de não o sobrecarregar com ingredientes para que a temperatura se mantenha muito elevada. Se a temperatura descer demasiado, os alimentos fritos ficarão encharcados em óleo.
Tenha especial cuidado com a carne que foi previamente congelada porque exsuda muita água. Deve ser bem escorrida e firmemente seca com toalhas de papel e depois frita em pequenos lotes.
Fritar em pequenos lotes não demora mais tempo do que fritar um lote grande, mas os resultados serão muito melhores. Em particular, a carne ficará dourada antes de secar por dentro.
Em geral, 350°F/175°C é um bom ponto de partida para a maioria dos ingredientes, mas se estiver a utilizar uma gordura de 350°F como a banha, mantenha-a um pouco mais baixa. Para alguns ingredientes, acho que 410°F/210°C funciona melhor. Deve aplicar calor suficiente para que o óleo volte à temperatura máxima quando a fornada atual estiver totalmente pronta.
Para as batatas fritas, os especialistas recomendam "branquear" fritando a 350°F/175°C até estarem cozinhadas. Quando estiverem prontas a servir, fritar a 365°F/185°C para alourar.
Para os donuts e artigos semelhantes de pão frito, é altamente preferível uma gordura sólida à temperatura ambiente, para que não escorram óleo por todo o lado. A banha e o sebo são os melhores, mas as gorduras vegetais "Zero gordura trans" podem ser utilizadas.
Equipamento: de acordo com a minha experiência, o kadhai indiano é o recipiente ideal para fritar em casa, necessitando de muito menos óleo do que outros dispositivos e minimizando os salpicos. A sua forma esférica tem um raio mais curto do que o wok asiático e lados mais altos. Estes mesmos lados altos tornam o kadhai menos adequado para a fritura asiática, porque não se pode estacionar as coisas nos lados. O kadhai necessita de um suporte em forma de anel (ver acima em wok) e de um segundo suporte em forma de anel para que possa retirar o kadhai quente do fogão e colocá-lo no chão da cozinha (ou noutra superfície) quando acabar de fritar.
A panela e o cesto de fritar europeus também funcionam bem - para fritar, mas vai precisar de muito mais óleo e vai ter muito mais salpicos para limpar. Limpe imediatamente, porque o óleo começa a transformar-se em verniz imediatamente e será muito mais difícil de limpar num dia ou dois.
É claro que existem agora unidades de fritura eléctricas, mas as suas críticas são bastante díspares, pelo que deve pesquisar antes de comprar uma. Tal como a panela de fritar europeia, estas unidades consomem muito óleo, mas os salpicos não são um problema.
A reutilização do óleo de fritura é permitida, dentro de certos limites, se for um óleo muito durável. Os óleos de bagaço de azeitona e de abacate são os melhores para os vegetais e o sebo de bovino para os animais. O óleo não deve ter sido sobreaquecido ou abusado de qualquer outra forma, deve ser filtrado através de uma toalha de papel e armazenado cuidadosamente.
Os óleos vegetais mais comuns têm números de oxidação muito elevados, o que significa que não são bons para fritar e sofrem rapidamente de ranço térmico (possivelmente cancerígeno). É por esta razão que a indústria da comida rápida, pressionada pelos benfeitores para deixar de utilizar o sebo de vaca (muito durável), os rejeitou, passando a utilizar óleos vegetais parcialmente hidrogenados, que são igualmente duráveis - mas são gorduras trans, atualmente consideradas muito mais nocivas do que o sebo de vaca que substituíram. Mais um "fracasso" para os benfeitores.
Quando reutilizar o óleo, não utilize o óleo em que o peixe foi frito para fritar qualquer outra coisa, porque ficará com um forte sabor a peixe. Nos restaurantes, o óleo para as batatas é mantido separado, mas para a reutilização limitada numa cozinha doméstica não considero que isso seja de todo necessário. A minha regra é utilizar óleo durável e não mais do que 4 vezes no período de um mês, deitando-o fora quando o limite for atingido ou se tiver escurecido substancialmente.
Para guardar o óleo para reutilização, deixe-o quente o tempo suficiente depois de retirar os ingredientes para se certificar de que não tem humidade (não deve haver bolhas nem estalos). Filtre-o através de uma toalha de papel branca colocada num coador de arame para remover todas as partículas de alimentos (pode precisar de várias toalhas se os resíduos no óleo as obstruírem). Guardar num frasco de vidro limpo e bem fechado.

7. Assar

Assar refere-se normalmente à cozedura de aves e de grandes pedaços de carne num forno a uma temperatura entre 350°F e 400°F. A principal fonte de óleos é a gordura contida na ave ou na carne, mas o óleo, normalmente a manteiga, mas por vezes a banha, a gordura de toucinho ou o azeite podem ser pincelados, normalmente no início ou depois de virados.

Os legumes grandes, como a abóbora e a beringela, também podem ser assados no forno, geralmente numa frigideira pouco funda ou num grelhador. Se forem cortados, são pincelados com manteiga ou óleo. Atualmente, a torrefação também é utilizada para cozinhar pequenos legumes cortados que anteriormente eram fritos, nomeadamente batatas, com pouco óleo ou gordura. Em primeiro lugar, são cortados à medida, depois são passados por óleo para os revestir e assados num tabuleiro no forno. Nota: se untar a frigideira com banha ou sebo em vez de óleo vegetal, será muito mais fácil de limpar.

No caso de cortes maiores, pode ser colocada uma quantidade de água de cerca de 2,5 cm na frigideira para cozer as batatas, mas esta evaporar-se-á quando a assadura estiver concluída. As temperaturas não são muito altas, pelo que podem ser utilizados óleos a temperaturas moderadas.

Por vezes, colocam-se tiras de toucinho ou banha de porco por cima da carne e a gordura que se desprende destas mantém a carne revestida e húmida. Quando a gordura começa a ser libertada da própria carne, pode ser utilizada para regar (pincelar ou pingar) a própria carne. Siga sempre as instruções da receita, exceto se tiver uma boa razão para não o fazer.

Equipamento: Para aves de grande porte e carne assada, utiliza-se uma assadeira especial, uma assadeira pouco funda equipada com uma grelha em "V" ou uma grelha plana para manter o artigo assado acima da gordura e dos sucos fundidos (e, eventualmente, dos legumes). Também se utilizam assadeiras fundas e cobertas, embora estas estejam um pouco fora de moda atualmente. Um bom termómetro para carne com uma sonda comprida é indispensável para poder medir a temperatura no interior do assado e verificar se está bem passado. Melhor ainda é um termómetro com um cabo para que a sonda possa ser deixada na carne enquanto esta assa no forno, com o visor continuamente visível.

8. Cozinhar

Existem duas categorias básicas de cozedura: cozer produtos de massa, como pães, bolachas, bolos, crostas de tartes e semelhantes, e cozer caçarolas (conhecidas como "prato quente" no Midwest dos EUA). Cozinhar caçarolas pode não envolver mais óleo do que esfregar um pouco de manteiga no interior da caçarola para minimizar a aderência, e talvez um pouco de queijo oleoso por cima. Por outro lado, alguns ingredientes podem ser batidos com óleo antes de serem adicionados à caçarola e outros podem ser fritos no fogão antes de serem incluídos.

A confeção de pães, bolachas, bolos, crostas de tartes e outros produtos semelhantes envolve sempre gorduras, geralmente gorduras sólidas à temperatura ambiente, designadas por "gorduras curtas", para proporcionar uma textura agradável quando arrefecidas. As suas escolhas são geralmente a banha, a manteiga e as gorduras vegetais (embora algumas pessoas tenham utilizado com sucesso (para determinados valores de sucesso) óleos para alguns produtos de pastelaria). Para obter sabor e textura, a banha de porco é considerada a melhor, de preferência "banha de porco em folha", se a conseguir obter.

As pessoas que tentam evitar as gorduras saturadas viraram-se para as gorduras vegetais e acabaram por ter um problema de gorduras trans que é muito pior. Atualmente, estão disponíveis os encurtamentos vegetais "Zero gorduras trans", mas, como é óbvio, são ricos em gorduras saturadas artificiais - no entanto, são gorduras saturadas vegetais, o que faz com que algumas pessoas (especialmente as pessoas da Cargill e da ADM) se sintam melhor com eles.

A cozedura de produtos de massa é altamente crítica em termos de medidas, ingredientes, temperatura e tempo, pelo que deve seguir a receita com todo o cuidado e utilizar um temporizador com um alarme sonoro se for provável que se distraia.

9. Molhos para saladas

As saladas são o local onde se deve utilizar os óleos "virgens", "prensados a frio" ou "não refinados", que são ricos em sabor mas têm um ponto de fumo demasiado baixo para fritar. O favorito neste caso é o azeite virgem extra - sabor soberbo e composição saudável.

A desvantagem do azeite é que solidifica no frigorífico porque tem um baixo teor de gorduras polinsaturadas. Isto não prejudica nada; basta retirar o molho do frigorífico 20 minutos antes de o utilizar.

Os molhos de salada comerciais preferem o óleo de cártamo porque é tão rico em gorduras polinsaturadas que ainda está líquido no frigorífico. Este facto sacrifica o sabor em comparação com o azeite, pelo que se adicionam mais ingredientes aromatizantes para compensar esse facto. Algumas teorias defendem que os polinsaturados não são bons para si, mas a baixas temperaturas na salada o risco é muito menor.

Ao fazer saladas, deve centrifugar os ingredientes secos e depois cobri-los com óleo antes de adicionar o vinagre. O óleo não reveste corretamente os ingredientes que estão molhados com água ou vinagre. Em todo o caso, não aplique o molho até estar quase pronto a servir, caso contrário a salada murchará.

Equipamento: É realmente necessário um centrifugador de saladas para que as verduras fiquem suficientemente secas para que o óleo as cubra corretamente. O cesto de arame francês com uma corrente e o cesto de arame francês com uma bomba de brinquedo são absolutamente inúteis (e podem estar extintos). Existem muitas centrifugadoras de plástico que funcionam bastante bem, a maioria com uma ação de manivela, mas se tiver juízo, compre uma Oxo (ilustrada). Também precisa de alguns frascos ou garrafas para agitar os pensos.

Segurança

Cozinhar com óleo a alta temperatura é perigoso e requer muita atenção. O novo fogão de Connie era muito mais quente do que o antigo, e ela virou as costas a uma panela de óleo que estava a aquecer para fritar. Este pedaço de alumínio (outrora uma porta de correr) é tudo o que resta da casa de luxo de Connie.

Muito mais grave é a possibilidade de ferimentos graves devido ao óleo derramado ou ao óleo que salpica em contacto com a água. Os óleos são essenciais, mas os cuidados também o são.

- Não sobreaquecer os óleos. Quando o óleo está no seu ponto de fumo, também não está longe do seu ponto de inflamação e um incêndio de óleo é muito grave e difícil de apagar. NUNCA, NUNCA, tente apagar um incêndio de óleo com água, pois o óleo em chamas espalhar-se-á por todo o lado e provavelmente sobre si. No forno, mantenha o forno fechado e desligue o lume.
- Ao adicionar ingredientes ao óleo quente, certifique-se de que estão o mais secos possível para evitar salpicos.
- Nunca coloque óleo num tacho molhado, mesmo com algumas gotas. Estas explodirão durante o aquecimento, espalhando óleo quente por todo o lado.
- Utilize um recipiente de cozedura suficientemente grande. Um recipiente demasiado grande raramente é um problema, mas um recipiente demasiado pequeno é desastroso.
- Mantenha tudo limpo. As acumulações de óleo e gordura, no forno ou no fogão, podem pegar fogo e ser difíceis de apagar. Além disso, limpar o óleo imediatamente é muito mais fácil do que limpá-lo mais tarde, quando se tiver transformado em verniz (uma questão de um dia ou dois com alguns óleos).
- Tenha à mão um ou dois extintores de incêndio, mas não demasiado perto do fogão. A Connie tinha um extintor de incêndio de tamanho industrial novinho em folha, mas estava montado demasiado perto do fogão e ela não conseguia lá chegar.
- Vire as pegas das panelas para dentro do fogão para evitar acidentes, especialmente se tiver crianças que possam agarrar numa pega e entornar óleo quente em cima de si.
- Quando colocar os utensílios de cozinha a arrefecer, deixe sempre um pegador de panela em cima para lembrar que estão muito quentes.
- Use roupas sensatas, tendo especial atenção às mangas que podem prender os utensílios de cozinha ou causar problemas. A roupa pode protegê-lo de pequenos salpicos, mas para um salpico mais grave é melhor ficar nu, porque o tecido irá reter um volume de óleo quente até ficar cozinhado.
- Se alguma coisa se queimar, não a apague com água até que tenha tido tempo de arrefecer. Água fria numa frigideira quente pode salpicar óleo quente, escaldar com o vapor e, muitas vezes, danificar a frigideira. Se puder, coloque-a numa superfície de metal, azulejo ou betão, que a ajudará a arrefecer rapidamente, mas não na sua tábua de cortar, na qual queimará um anel (ou derreterá se for de plástico).

Não utilize óleo cansado ou óleo que tenha sido danificado pelo calor. Não é bom para si.

Gorduras ou óleos	Descrição	Utilizações culinárias	Tipo de gordura	Ponto de fumo °F	Ponto de fumo °C
Óleo de amêndoa	Tem um subtil aroma a amêndoa torrada e sabor.	Utilizado em salteados e frituras de alimentos orientais.	Monoinsaturados	420°F	216°C
Óleo de abacate	De cor verde vibrante, tem um sabor suave a nozes e um ligeiro aroma a abacate. Trata-se de um óleo muito saudável com um perfil semelhante ao do azeite. Este óleo pode ser utilizado em aplicações a temperaturas muito elevadas.	Fritar, dourar	Monoinsaturados	520°F	271°C
Manteiga	A manteiga gorda é uma mistura de gorduras, matérias sólidas do leite e humidade derivada por bater as natas até que as gotas de óleo se colem e possam ser separados.	Cozinhar, cozinhar	Saturado	350°F	177°C
Manteiga (Ghee), clarificada	O Ghee tem um ponto de fumo mais elevado do que a manteiga, uma vez que a clarificação elimina os sólidos (que ardem a temperaturas mais baixas).	Fritar, saltear	Saturado	375-485°F (dependendo da pureza)	190-250°C (dependendo da pureza),
Óleo de canola (óleo de colza)	Óleo leve e dourado.	Bom todo s óleo para fins específicos. Utilizado em saladas e cozinha.	Monoinsaturados	400°F	204°C
Óleo de coco	Óleo pesado quase incolor extraído de cocos frescos.	revestimentos, produtos de confeitaria, gorduras	Saturado	350°F	177°C
Óleo de milho	Azeite refinado suave, de cor amarela média	Frituras, molhos para salada, gordura vegetal	Polinsaturados	450°F	232°C

	óleo . Produzido a partir do gérmen do grão de milho.				
Óleo de semente de algodão	Óleo amarelo-pálido que é extraído da semente da planta do algodão.	Margarina, molhos para salada, gordura vegetal. Também utilizada para fritar.	Polinsaturados	420°F	216°C
Óleo de grainha de uva	Óleo leve, de cor amarela média, que é um subproduto da vinificação.	Excelente escolha de óleo de cozinha para saltear ou fritar. Também utilizado em molhos para saladas.	Polinsaturados	392°F	200°C
Óleo de avelã	As nozes são moídas e torrado e depois prensado numa hidráulico prensa para extrair o óleo delicado.	Molhos para saladas, marinadas e produtos de pastelaria.	Monoinsaturados	430°F	221°C
Banha de porco	O sólido ou semi-sólido branco	Cozer e fritar	Saturado	370°F	182 °C
	Gordura fundida de um porco. Esta foi outrora a gordura mais popular para cozinhar e assar, mas foi substituída por gorduras vegetais.				
Macadâmia Óleo de nozes	Este óleo é prensado a frio a partir da decadente noz de macadâmia, extraindo um óleo leve semelhante em qualidade ao melhor extra azeite virgem.	Saltear, fritar na frigideira, grelhar, fritar, saltear, grelhar, assar, cozer.	Monoinsaturados	390°F	199 °C
Azeite	Os óleos variam em peso e podem ser amarelos pálidos a verdes profundos, dependendo do fruto utilizado e da transformação.	cozinhar, salada molhos, saltear, fritar, saltear, fritar, saltear, grelhar, assar, cozer	Monoinsaturados	Extra Virgem - 320°F Virgem - 420°F Bagaço - 460°F Extra leve - 468°F	160°C 216°C 238°C 242°C
Óleo de palma	Óleo gordo de cor amarela alaranjada obtido	Cozinhar, aromatizar	Saturado	446°F	230°C

	especialmente a partir das nozes trituradas de uma palmeira africana.				
Óleo de amendoim	Pálido amarelo azeite refinado com uma subtil cheiro e sabor. Produzido a partir de amendoins prensados e cozidos a vapor. Utilizado principalmenteem Cozinha asiática.	Fritar, cozinhar, molhos para salada	Monoinsaturados	450°F	232°C
Farelo de arroz Óleo	O óleo de farelo de arroz é produzido a partir do farelo de arroz, que é retirado do grão de arroz quando ele é processado.	Fritar, saltear, molhos para saladas, óleos para assar e para mergulhar	Monoinsaturados	490°F	254°C
Óleo de cártamo	Cor dourada com uma textura ligeira. Produzido a partir das sementes de açafroa.	Margarina, maionese, molhos para salada	Polinsaturados	450°F	232°C
Óleo de sésamo	Apresenta-se em dois tipos - um tipo do Médio Oriente leve e muito suave e um tipo asiático mais escuro asiático prensado a partir de sementes de sésamo tostadas.	Cozinhar, molhos para salada	Polinsaturados	410°F	232°C
Gordura vegetal	Mistura óleo solidificados através de vários processos, incluindo a batida ao ar e a hidrogenação. Pode ser real ou artificial sabor a manteiga adicionado.	Cozer, fritar	Saturado	360°F	182 °C
Óleo de soja	Um óleo bastante pesado com a sabor pronunciado e aroma.	Margarina, molhos para salada, gordura vegetal	Polinsaturados	450°F	232°C

Óleo de girassol	Ligeiramente inodoro e quase óleo sem sabor	Cozinhar, margarina, molhos para salada,	Polinsaturados	450°F	232°C
	prensado de girassol sementes. Pálido amarelo.	encurtamento			
Óleo vegetal	Fabricado por mistura de vários óleos refinados diferentes. Concebido para ter um sabor suave e um elevado teor de fumo ponto.	Cozinhar, molhos para salada	Polinsaturados		
Óleo de noz	Azeite de cor amarela média com sabor a nozes e aroma. Mais informações perecível do que a maioria dos outros óleos.	Saltear, fritar na frigideira, grelhar , fritar, saltear, grelhar, assar	Monoinsaturados	400°F	204

LEITE E SEUS PRODUTOS

O leite é um líquido claro produzido pelas glândulas mamárias dos mamíferos. É a principal fonte de nutrição dos mamíferos bebés antes de serem capazes de digerir outros tipos de alimentos. O leite do início da lactação contém colostro, que transporta os anticorpos da mãe para os seus filhos e pode reduzir o risco de muitas doenças. Contém muitos outros nutrientes, incluindo proteínas e lactose.

Tipos de consumo

Existem dois tipos distintos de consumo de leite: uma fonte natural de nutrição para todos os mamíferos infantis e um produto alimentar para humanos de todas as idades que é derivado de outros animais.

O aleitamento materno como fonte natural de consumo

Em quase todos os mamíferos, o leite é fornecido aos bebés através da amamentação, quer diretamente, quer através da extração do leite para ser armazenado e consumido mais tarde. O leite inicial dos mamíferos é designado por colostro. O colostro contém anticorpos que proporcionam proteção ao recém-nascido, bem como nutrientes e factores de crescimento. A composição do colostro e o período de secreção variam de espécie para espécie.

Para os seres humanos, a Organização Mundial de Saúde recomenda o aleitamento materno exclusivo durante seis meses e o aleitamento materno em complemento de outros alimentos durante pelo menos dois anos. Em algumas culturas, é comum amamentar as crianças durante três a cinco anos, podendo o período ser mais longo.

O leite de cabra fresco é por vezes substituído pelo leite materno. Isto introduz o risco de a criança desenvolver desequilíbrios electrolíticos, acidose metabólica, anemia megaloblástica e uma série de reacções alérgicas.

Produto alimentar para humanos

Inicialmente, a capacidade de digerir o leite estava limitada às crianças, uma vez que os adultos não produziam lactase, uma enzima necessária para digerir a lactose do leite. Por conseguinte, o leite era convertido em requeijão, queijo e outros produtos para reduzir os níveis de lactose. Há milhares de anos, uma mutação casual propagou-se nas populações humanas da Europa, permitindo a produção de lactase na idade adulta. Este facto permitiu que o leite fosse utilizado como uma nova fonte de nutrição que poderia sustentar as populações quando outras fontes de alimentação falhassem. O leite é transformado numa variedade de produtos lácteos, como natas, manteiga, iogurte, kefir, gelado e queijo. Os processos industriais modernos utilizam o leite para produzir caseína, proteína de soro de leite, lactose, leite condensado, leite em pó e muitos outros aditivos alimentares e produtos industriais.

O leite gordo, a manteiga e as natas têm níveis elevados de gordura saturada. O açúcar lactose encontra-se apenas no leite, nas flores de forsítia e em alguns arbustos tropicais. A enzima necessária para digerir a lactose, a lactase, atinge os seus níveis mais elevados no intestino delgado após o nascimento e depois começa um lento declínio, a menos que o leite seja consumido regularmente. Os grupos que continuam a tolerar o leite, no entanto, exerceram frequentemente uma grande criatividade na utilização do leite de ungulados domesticados, não só de bovinos, mas também de ovinos, caprinos, iaques, búfalos de água, cavalos, renas e camelos. A Índia é o maior produtor e consumidor de leite de vaca e de búfala do mundo.

Propriedades físicas e químicas do leite

O leite é uma emulsão ou um coloide de glóbulos de gordura de manteiga num fluido à base de água que contém hidratos de carbono dissolvidos e agregados de proteínas com minerais. Uma vez que é produzido como fonte de alimento para as crias, todo o seu conteúdo proporciona benefícios para o crescimento. As principais necessidades são a energia (lípidos, lactose e proteínas), a biossíntese dos aminoácidos não essenciais fornecidos pelas proteínas (aminoácidos essenciais e grupos amino), os ácidos gordos essenciais, as vitaminas e os elementos inorgânicos e a água.

1. Lípidos

Inicialmente, a gordura do leite é secretada na forma de um glóbulo de gordura rodeado por uma membrana. Cada glóbulo de gordura é composto quase inteiramente por triacilgliceróis e está rodeado por uma membrana constituída por lípidos complexos, como os fosfolípidos, juntamente com proteínas. Estas actuam como emulsionantes que impedem a coalescência dos glóbulos individuais e protegem o conteúdo destes glóbulos de várias enzimas na parte fluida do leite. Embora 97-98% dos lípidos sejam triacilglicóis, estão também presentes pequenas quantidades de di- e monoacilgliceróis, colesterol livre e ésteres de colesterol, ácidos gordos livres e fosfolípidos. Ao contrário das proteínas e dos hidratos de carbono, a composição da gordura no leite varia muito devido a diferenças genéticas, lactacionais e de factores nutricionais entre diferentes espécies.

Tal como a composição, os glóbulos de gordura variam em tamanho de menos de 0,2 a cerca de 15 micrómetros de diâmetro entre diferentes espécies. O diâmetro também pode variar entre animais de uma mesma espécie e em diferentes momentos da ordenha de um mesmo animal. No leite de vaca não homogeneizado, os glóbulos de gordura têm um diâmetro médio de dois a quatro micrómetros e, com a homogeneização, têm em média cerca de 0,4 micrómetros. As vitaminas lipossolúveis A, D, E e K, juntamente com ácidos gordos essenciais, como o ácido linoleico e linolénico, encontram-se na porção de gordura do leite.

2. Proteínas

O leite de vaca normal contém 30-35 gramas de proteínas por litro, das quais cerca de 80% estão dispostas em micelas de caseína.

a. Caseínas

As maiores estruturas na parte fluida do leite são as "micelas de caseína": agregados de vários milhares de moléculas de proteína com semelhança superficial a uma micela surfactante, ligadas com a ajuda de partículas de fosfato de cálcio à escala nanométrica. Cada micela de caseína é aproximadamente esférica e tem cerca de um décimo de micrómetro de diâmetro. Coletivamente, constituem cerca de 76-86% da proteína do leite, em peso. A maioria das proteínas da caseína está ligada às micelas. Existem várias teorias concorrentes sobre a estrutura exacta das micelas, mas elas partilham uma caraterística importante: a camada mais externa consiste em filamentos de um tipo de proteína, a k-caseína, que se estende do corpo da micela para o fluido circundante. Todas estas moléculas de kappa-caseína têm uma carga eléctrica negativa e, por conseguinte, repelem-se mutuamente, mantendo as micelas separadas em condições normais e numa suspensão coloidal estável no fluido circundante à base de água.

O leite contém dezenas de outros tipos de proteínas para além das caseínas, incluindo enzimas. Estas outras proteínas são mais solúveis em água do que as caseínas e não formam estruturas maiores. Uma vez que as proteínas permanecem suspensas no soro de leite deixado para trás quando as caseínas coagulam em coalhada, são coletivamente conhecidas como *proteínas do soro de leite*. As proteínas do soro constituem aproximadamente 20% das proteínas do leite, em peso. A lactoglobulina é a proteína do soro mais comum, por uma grande margem.

3. Sais, minerais e vitaminas

Minerais ou sais de leite são nomes tradicionais para uma variedade de catiões e aniões no leite de vaca. O cálcio, o fosfato, o magnésio, o sódio, o potássio, o citrato e o cloro são todos incluídos como minerais e ocorrem normalmente numa concentração de 5-40 micrómetros. Os sais do leite interagem fortemente com a caseína, sobretudo o fosfato de cálcio. Está presente em excesso e, frequentemente, muito mais do que a solubilidade do fosfato de cálcio sólido. Para além do cálcio, o leite é uma boa fonte de muitas outras vitaminas. As vitaminas A, B6, B12, C, D, K, E, tiamina, niacina, biotina, riboflavina, folatos e ácido pantoténico estão todas presentes no leite.

Estrutura do fosfato de cálcio

Durante muitos anos, a teoria mais aceite sobre a estrutura de uma micela era a de que esta era composta por agregados esféricos de caseína, denominados submicelas, que eram mantidos juntos por ligações de fosfato de cálcio. No entanto, existem dois modelos recentes da micela de caseína que refutam as estruturas micelares distintas no interior da micela.

A primeira teoria, atribuída a de Kruif e Holt, propõe que os nano-aglomerados de fosfato de cálcio e a fração fosfopeptídica da beta-caseína são a peça central da estrutura micelular. Especificamente nesta perspetiva, as proteínas não estruturadas organizam-se em torno do fosfato de cálcio, dando origem à sua estrutura, pelo que não se forma uma estrutura específica.

Na segunda teoria proposta por Horne, o crescimento de nanoclusters de fosfato de cálcio inicia o processo de formação de micelas, mas é limitado pela ligação de regiões de loop de fosfopeptídeos das caseínas. Uma vez ligadas, formam-se interações proteína-proteína e ocorre a polimerização, na qual a K-caseína é utilizada como um tampão final, para formar micelas com nanoclusters de fosfato de cálcio aprisionados.

Algumas fontes indicam que o fosfato de cálcio aprisionado está na forma de $Ca_9(PO_4)_6$; enquanto outras dizem que é semelhante à estrutura do mineral brushite CaHPO4 -$2H_2O$.

4. Hidratos de carbono e conteúdos diversos

O leite contém vários hidratos de carbono diferentes, incluindo lactose, glucose, galactose e outros oligossacáridos. A lactose dá ao leite o seu sabor doce e contribui com aproximadamente 40% das calorias do leite de vaca gordo. A lactose é um dissacárido composto por dois açúcares simples, a glucose e a galactose. O leite bovino tem em média 4,8% de lactose anidra, o que equivale a cerca de 50% do total de sólidos do leite desnatado. Os níveis de lactose dependem do tipo de leite, uma vez que outros hidratos de carbono podem estar presentes em concentrações mais elevadas do que a lactose nos leites.

Outros componentes encontrados no leite de vaca cru são glóbulos brancos vivos, células da glândula mamária, várias bactérias e um grande número de enzimas activas.

Aparência

Tanto os glóbulos de gordura quanto as micelas menores de caseína, que são grandes o suficiente para desviar a luz, contribuem para a cor branca opaca do leite. Os glóbulos de gordura contêm um pouco de caroteno amarelo-alaranjado, suficiente em algumas raças (como o gado Guernsey e Jersey) para dar um tom dourado ou "cremoso" a um copo de leite. A riboflavina na porção de soro do leite tem uma cor esverdeada, que por vezes pode ser discernida no leite desnatado ou nos produtos de soro. O leite desnatado sem gordura tem apenas as micelas de caseína para dispersar a luz, e elas tendem a dispersar a luz azul de comprimento de onda mais curto do que a vermelha, dando ao leite desnatado uma tonalidade azulada.

Valor nutritivo

A composição do leite difere muito entre as espécies. Factores como o tipo de proteína; a proporção de proteína, gordura e açúcar; os níveis de várias vitaminas e minerais; e o tamanho dos glóbulos de gordura da manteiga, e a força da coalhada estão entre os que podem variar. Por exemplo:

- O leite humano contém, em média, 1,1% de proteínas, 4,2% de gordura, 7,0% de lactose (um açúcar) e fornece 72 kcal de energia por 100 gramas.
- O leite de vaca contém, em média, 3,4% de proteínas, 3,6% de gordura e 4,6% de lactose, 0,7% de minerais e fornece 66 kcal de energia por 100 gramas. Ver também Valor nutricional mais adiante

O leite de burra e de cavalo é o que tem menor teor de gordura, enquanto o leite de foca e de baleia pode conter mais de 50% de gordura.

Análise da composição do leite, por 100 gramas					
Componentes	**Unidade**	**Vaca**	**Cabra**	**Ovinos**	**Búfalo de água**
Água	g	87.8	88.9	83.0	81.1
Proteína	g	3.2	3.1	5.4	4.5
Gordura	g	3.9	3.5	6.0	8.0
1. Ácidos gordos saturados	g	2.4	2.3	3.8	4.2
2. Ácidos gordos monoinsaturados	g	1.1	0.8	1.5	1.7
3. Ácidos gordos polinsaturados	g	0.1	0.1	0.3	0.2
Hidratos de carbono (ou seja, a forma açucarada da lactose)	g	4.8	4.4	5.1	4.9
Colesterol	mg	14	10	11	8
Cálcio	mg	120	100	170	195
Energia	kcal	66	60	95	110
	kJ	275	253	396	463

TRANSFORMAÇÃO DO LEITE

Homogeneização - Para eliminar a formação de natas, o leite é homogeneizado. O leite é forçado sob pressão através de orifícios finos que reduzem os glóbulos de gordura a um diâmetro médio inferior a 2 micrómetros. Quanto maior for a pressão utilizada para forçar o leite através dos orifícios, mais pequenos são os glóbulos de gordura, com a formação de muitas gotículas de gordura mais pequenas, a superfície de gordura aumenta enormemente.

A homogeneização consiste em bombear leite ou natas sob pressões de 2000-2500 libras por polegada quadrada através de aberturas muito pequenas numa máquina chamada homogeneizador. Uma película de proteínas e lipoproteínas absorvidas envolve imediatamente cada um dos novos glóbulos, actuando como um emulsionante e impedindo-os de se reunirem.

A superfície muito maior exposta na gordura altamente dispersa do leite homogeneizado aumenta a tendência para o desenvolvimento de ranço porque destrói a enzima que poderia atacar a gordura mais altamente dispersa.

Fortificação - O processo de adição de um determinado nutriente a qualquer género alimentício, como meio de aumentar a qualidade nutricional desse alimento, é designado por fortificação.

Assim, a adição de certos nutrientes ao leite para melhorar o seu valor nutricional é o leite fortificado. A principal forma de fortificação é a adição de cerca de 400 UI de vitamina A por litro. Tendo em conta a relação entre a Vitamina D e a absorção e utilização de cálcio e fósforo no corpo e porque o leite é uma excelente fonte destes minerais, o leite é geralmente considerado como um alimento lógico para fortificar com Vitamina D. De acordo com as normas de identificação do leite, a adição de Vitamina D é opcional. No entanto, a fortificação de leites desnatados e com baixo teor de gordura com vitamina A é obrigatória, uma vez que a vitamina A está presente apenas na parte gorda do leite.

A pasteurização (inglês americano), também conhecida como **pasteurisation** (inglês britânico), é um processo que mata as bactérias nos alimentos líquidos.

O leite é um excelente meio para o crescimento microbiano e, quando armazenado à temperatura ambiente, as bactérias e outros agentes patogénicos proliferam rapidamente.

O Centro de Controlo de Doenças dos Estados Unidos (CDC) afirma que o leite cru manuseado incorretamente é responsável por quase três vezes mais hospitalizações do que qualquer outra fonte de doença de origem alimentar, tornando-o num dos produtos alimentares mais perigosos do mundo. As doenças evitadas pela pasteurização podem incluir tuberculose, brucelose, difteria, escarlatina e febre Q; também mata as bactérias nocivas *Salmonella*, *Listeria*, *Yersinia*, *Campylobacter*, *Staphylococcus aureus* e *Escherichia coli* O157:H7, entre outras.

A pasteurização é a razão do prolongamento do prazo de validade do leite. O leite pasteurizado a alta temperatura e de curta duração (HTST) tem normalmente um prazo de validade refrigerado de duas a três semanas, enquanto que o leite ultrapasteurizado pode durar muito mais tempo, por vezes dois a três meses. Quando o tratamento de ultra-calor (UHT) é combinado com o manuseamento estéril e a tecnologia de contentores (como a embalagem asséptica), pode mesmo ser armazenado sem refrigeração até 9 meses.

A pasteurização é um processo, que recebeu o nome do cientista Louis Pasteur, que aplica calor para destruir os agentes patogénicos nos alimentos. Para a indústria de lacticínios, os termos "pasteurização", "pasteurizado" e termos semelhantes significam o processo de aquecimento de cada partícula de leite ou produto lácteo, em equipamento corretamente concebido e operado, a uma das temperaturas indicadas na tabela seguinte e mantido continuamente a essa temperatura ou acima dela durante, pelo menos, o tempo especificado correspondente:

Temperatura	**Tempo**	**Tipo de pasteurização**
63°C (145°F)*	30 minutos	Pasteurização em cuba
72°C (161°F)*	15 segundos	Pasteurização de curta duração a alta temperatura (HTST)
89°C (191°F)	1,0 segundo	Tempo de aquecimento mais elevado e mais curto (HHST)
90°C (194°F)	0,5 segundos	Tempo de aquecimento mais elevado e mais curto (HHST)
94°C (201°F)	0,1 segundos	Tempo de aquecimento mais elevado e mais curto (HHST)
96°C (204°F)	0,05 segundos	Tempo de aquecimento mais elevado e mais curto (HHST)
100°C (212°F)	0,01 segundos	Tempo de aquecimento mais elevado e mais curto (HHST)
138°C (280°F)	2,0 segundos	Ultra Pasteurização (UP)

*Se o teor de gordura do produto lácteo for igual ou superior a 0,5%, se contiver edulcorantes adicionados ou se for concentrado (condensado), a temperatura especificada deve ser aumentada em 3°C (5°F). A gemada deve ser aquecida, no mínimo, às seguintes especificações de temperatura e tempo:

Temperatura	**Tempo**	**Tipo de pasteurização**
69°C (155°F)	30 minutos	Pasteurização em cuba
80°C (175°F)	25 segundos	Pasteurização de curta duração a alta temperatura (HTST)
83°C (180°F)	15 segundos	Pasteurização de curta duração a alta temperatura (HTST)

O método original de pasteurização era a pasteurização em cuba, que aquece o leite ou outros ingredientes líquidos num grande tanque durante pelo menos 30 minutos. Atualmente, é utilizado principalmente na indústria dos lacticínios para preparar o leite para a produção de fermentos lácteos no processamento de queijo, iogurte, leitelho e para pasteurizar algumas misturas de gelado.

Atualmente, o método mais comum de pasteurização nos Estados Unidos é a pasteurização HTST (High Temperature Short Time), que utiliza placas de metal e água quente para aumentar a temperatura do leite para pelo menos 161° F durante pelo menos 15 segundos, seguido de um arrefecimento rápido. Higher Heat Shorter Time (HHST) é um processo semelhante à pasteurização HTST, mas utiliza equipamento ligeiramente diferente e temperaturas mais elevadas durante um período de tempo mais curto. Para que um produto seja considerado Ultra Pasteurizado (UP), deve ser aquecido a uma temperatura não inferior a 280° durante dois segundos. A pasteurização UP resulta num produto com um prazo de validade mais longo, mas que continua a necessitar de refrigeração.

Outro método, o processamento assético, também conhecido como Ultra High Temperature (UHT), envolve o aquecimento do leite utilizando equipamento comercialmente estéril e o seu enchimento em condições asséPticas em embalagens hermeticamente fechadas. O produto é denominado "estável na prateleira" e não necessita de refrigeração até ser aberto. Todas as operações assépticas são obrigadas a registar os seus processos junto da "Autoridade de Processo" da Food and Drug Administration. Não existe um tempo ou temperatura definidos para o processamento assético; a Autoridade de Processamento estabelece e valida o tempo e a temperatura adequados com base no equipamento utilizado e nos produtos que estão a ser processados.

TIPOS DE LEITE

O leite é comercializado sob várias formas diferentes para agradar aos diferentes gostos e desejos do público consumidor. O desenvolvimento de novos produtos lácteos tem sido motivado pelo desejo de melhorar a qualidade da conservação, facilitar a distribuição e a armazenagem, aproveitar ao máximo os subprodutos e utilizar os excedentes. As variações de custo entre as diferentes formas de leite dependem de factores como a oferta e a procura, os custos de produção e de transformação e as políticas governamentais.

Leite fluido - Dependendo do teor de gordura do leite, o leite fluido fresco é classificado como leite com baixo teor de gordura ou leite desnatado.

1. **Leite gordo** - O termo leite refere-se normalmente ao leite gordo. De acordo com as normas federais, o leite gordo embalado para bebidas deve conter pelo menos 3,25% de gordura láctea e pelo menos 8,25% de leite sólido sem gordura (SNF). Os SNF são maioritariamente proteínas e lactose. No entanto, outras normas permitem que o mínimo de gordura láctea no leite gordo varie entre 3-3,8%. Nas fábricas de processamento de leite, o leite de diferentes fornecedores é padronizado para um nível de gordura através da remoção ou adição de gordura do leite, conforme necessário.

O leite gordo pode ser enlatado e está disponível nesta forma principalmente para utilização em navios ou para exportação. É aquecido o suficiente para o esterilizar e depois é colocado numa lata esterilizada. Pode ser armazenado à temperatura ambiente até ser aberto.

2. **Leite magro ou desnatado** - este leite contém 0,5, 1,0, 1,5 ou 2% de matéria gorda láctea e é rotulado com o rótulo de matéria gorda adequado. O leite desnatado é o leite ao qual foi retirada a maior quantidade de gordura possível do ponto de vista tecnológico. O teor de gordura é inferior a 0,5%. Todos estes leites contêm pelo menos 8,25% de FDN. Ingredientes adicionais derivados do leite, tais como sólidos lácteos não gordos, podem ser adicionados ao leite magro para aumentar a viscosidade e a opacidade do leite e para melhorar a palatabilidade e o valor nutritivo. Se forem adicionados sólidos lácteos não gordos em quantidade suficiente para atingir o nível de 10 % de SNF, o produto deve ser rotulado como fortificado com proteínas ou fortificado com proteínas. A adição de vitamina A ao leite magro é exigida para o leite expedido no comércio interestadual. A adição de vitamina D é facultativa.

Leite fluido concentrado

1. **Leite evaporado** - Na produção de leite evaporado, cerca de 60% da água é removida numa panela de vácuo a 50-55 ^{0}C. Um período de aquecimento prévio de 10-20 minutos a 95 ^{0}C é geralmente eficaz na prevenção da coagulação da proteína caseína durante a esterilização. Num processo mais recente, o leite concentrado pode ser aquecido num sistema contínuo a uma temperatura ultra-alta (UHT) e depois enlatado assepticamente. Este produto é menos viscoso, mais branco e mais saboroso como o leite pasteurizado do que o leite evaporado processado pelo método tradicional. O leite evaporado é fortificado com 400 UI de vitamina D por litro.

O leite evaporado desnatado deve conter pelo menos 20% de matéria seca láctea. Neste caso, devem ser adicionadas vitamina A e vitamina D. O leite evaporado enlatado esterilizado deve conservar-se indefinidamente sem deterioração microbiológica. Os sólidos começam a depositar-se e o produto pode engrossar e formar coágulos. Para retardar estas alterações, as latas armazenadas com leite evaporado e condensado devem ser viradas de poucas em poucas semanas. A goma vegetal carragenina é frequentemente adicionada ao leite evaporado como estabilizador.

2. **Leite condensado adoçado** - Neste leite, cerca de 15% de açúcar é adicionado ao leite gordo ou ao leite magro, que é depois concentrado a cerca de um terço do seu volume anterior, uma vez que o teor de 42% de açúcar do produto acabado actua como conservante, o leite não é esterilizado após o enlatamento. O leite condensado gordo deve conter 8 % de matéria gorda láctea, enquanto o leite desnatado deve ter mais de 0,5 % de matéria gorda.

O escurecimento do leite condensado, bem como do leite evaporado, é provavelmente do tipo reação de Millard e ocorre tanto durante a esterilização como durante o armazenamento. A taxa de escurecimento é maior à temperatura ambiente e com um tempo de armazenamento mais longo.

Produtos Lácteos de Cultivo - Estes são um dos mais antigos alimentos conservados, tendo sido utilizados durante séculos. São adicionadas culturas bacterianas apropriadas ao leite fluido. As bactérias fermentam a lactose para produzir ácido lático. Um pH entre 4,1-4,9 é comum. O desenvolvimento da acidez é responsável

por uma série de propriedades físicas e químicas que tornam os produtos fermentados únicos.
Têm sido reivindicados benefícios nutricionais e de saúde para vários produtos lácteos fermentados, *os lactobacillus acidophilus, os lactobacillus steri* e *as bifidobactérias* são habitantes normais do trato intestinal, contribuindo para o aumento da acidez e para a redução do crescimento microbiano indesejável.

1. **Iogurte -** O leite gordo, o leite magro e até as natas podem ser utilizados para fazer iogurte, sendo frequentemente adicionados sólidos de leite seco magro. A composição nutricional do iogurte reflecte a composição nutricional do leite utilizado na sua produção; no entanto, parece haver um aumento considerável da concentração de folato durante o processo de fermentação. O iogurte também contém cálcio adicional quando são adicionados sólidos de leite.

Na produção de iogurte, uma cultura mista de *lactobacillus bulgaricus* e *streptococcus* thermophiles é normalmente adicionada à pré-mistura de leite pasteurizado, podendo também ser adicionados *lactobacillus acidophilus* ou outras estirpes à cultura, que é então incubada a 42 -40^0 C até se obter o sabor, a acidez e a consistência desejados.
O iogurte é caracterizado por um sabor acentuado e picante. São fabricados dois tipos gerais de iogurte. O iogurte fixo tem um gel firme; o iogurte mexido tem uma consistência semi-líquida. Muitas vezes, o iogurte é comercializado com a adição de fruta açucarada, produzindo um produto do tipo sundae.
Depois de o iogurte ter atingido o sabor e a consistência desejados, a atividade bacteriana é retardada pelo arrefecimento. No entanto, os microrganismos ainda estão vivos e contêm a enzima lactase que pode ajudar na digestão da lactose em pessoas com intolerância à lactose. Quando a pré-mistura de iogurte é enriquecida com sólidos de leite não gordo, no entanto, o nível inicial de lactose é de facto mais elevado do que o do leite normal; 6-8% em comparação com 5% no leite.

2. **Leitelho -** Este termo é geralmente utilizado para descrever o líquido que resta depois de as natas serem batidas para produzir manteiga. Este líquido ainda é utilizado para a produção de leitelho seco, um ingrediente de pastelaria. Atualmente, porém, o leitelho fluido é o leite de cultura. O leitelho de cultura é geralmente feito a partir de leite desnatado pasteurizado com sólidos de leite seco sem gordura adicionados. Também pode ser feito a partir de leite gordo fluido ou de leite seco magro reconstituído.

No processo de fabrico, uma cultura de *streptococcus lactic* é adicionada ao leite para produzir os componentes ácido e aromático. O produto é incubado a 20-22^0 C até que a acidez seja de 0,8-0,9%, expressa em ácido lático.

3. **Leite acidófilo -** O leite inteiro ou o leite desnatado pode ser cultivado com *lactobacillus acidophilus* e incubado a 38 ^{0} C até se formar uma coalhada macia. É chamado de leite cultivado com acidophilus e tem um sabor ácido. Noutro processo, uma cultura concentrada de *L. acidophilus* é cultivada e depois adicionada ao leite pasteurizado. Este produto não tem um sabor ácido e a sua consistência é semelhante à do leite fluido. Acidophilus mil introduz as bactérias acidophilus no intestino, onde se pensa que ajudam a manter um equilíbrio correto dos microrganismos.

Leite Recheado e Imitação

1. **Leite Recheado -** é um leite de substituição que pode ser feito através da combinação de uma gordura que não seja a gordura do leite com água, sólidos lácteos não gordos, um emulsionante, corante e aromatizante. A mistura é aquecida sob agitação e depois homogeneizada. Os produtos resultantes têm um aspeto muito semelhante ao do leite. O queijo vegetariano não lácteo e os produtos lácteos de cultura são produzidos a partir de leite envasado. Assim, são criados produtos semelhantes aos lacticínios que não contêm gordura de manteiga ou colesterol. No passado, o óleo de côco era a fonte de gordura do leite gordo. No entanto, óleos de soja, milho e algodão parcialmente hidrogenados contendo aproximadamente 30% de ácido linoleico foram desenvolvidos para uso em leite fluido.
2. **Leite de imitação -** Este tipo de leite assemelha-se ao leite, mas normalmente não contém qualquer percentagem de produtos lácteos. Ingredientes como água, sólidos de xarope de milho, açúcar, gordura vegetal e uma fonte de proteína são os mais frequentemente utilizados na imitação de leite. Alguns leites de imitação contêm produtos de soro de leite.

Tanto os leites envasados como os leites de imitação estão sujeitos a regulamentações estatais variáveis, mas ainda não são regidos pelos mesmos requisitos rígidos de saneamento e composição que um leite pasteurizado de grau A e produtos lácteos. No entanto, estes leites estão sujeitos à legislação federal de rotulagem de 1990, segundo a qual um alimento substituto deve ser nutricionalmente equivalente ao seu equivalente normalizado, exceto no que diz respeito à redução de calorias e/ou gorduras.

Alguns fabricantes de produtos lácteos utilizam um selo especial nos seus produtos para realçar o facto de se tratar de produtos lácteos verdadeiros e não de imitação.

PRODUTOS LÁCTEOS

QUEIJO - O queijo é um alimento lácteo concentrado definido como o produto fresco ou curado obtido por drenagem do soro (a humidade ou o soro do leite original) após a coagulação da caseína. A caseína é coagulada por ácido produzido por culturas microbianas adicionadas e/ou por enzimas coagulantes, resultando na formação de coalhada. O leite pode também ser acidificado através da adição de um ácido orgânico adequado. A coalhada pode ser submetida a um tratamento suplementar por calor, pressão ou pela ação de uma cultura microbiana na retenção.

A qualidade do leite utilizado na produção de queijo é extremamente importante e é objeto de um controlo rigoroso. A maioria dos queijos segue etapas semelhantes:

1. Formação de coalhada com ácido produzido por bactérias lácticas e ou uma enzima de coagulação.
2. Cortar a coalhada em pedaços pequenos para permitir a saída do soro.
3. Aquecimento da coalhada para contrair as partículas de coalhada e acelerar a expulsão do soro.
4. Escorrer, tricotar ou esticar, salgar e prensar a coalhada.
5. Cura e maturação.

Maturação do Queijo - Refere-se às mudanças nas propriedades físicas e químicas como aroma, sabor, textura e composição que ocorrem entre o momento da precipitação da coalhada e o momento em que o queijo desenvolve as caraterísticas desejadas para o seu tipo. Algumas das alterações que ocorrem são a formação de bactérias lácticas a partir da lactose, a digestão das proteínas por enzimas em produtos finais, incluindo péptidos e aminoácidos, o desenvolvimento e penetração de bolores no queijo curado, a formação de gases por determinado tipo de microrganismos utilizados e o desenvolvimento de substâncias de sabor e aroma caraterísticos, incluindo os que se desenvolvem a partir da decomposição da gordura pela enzima lipase. A hidrólise das proteínas acaba por dar origem a aminoácidos solúveis em água que conferem ao queijo uma textura mais macia e maleável, bem como um melhor sabor. A gordura de alguns queijos é hidrolisada por enzimas, libertando ácidos gordos. A maior parte da pequena quantidade de lactose presente no queijo é convertida noutros compostos, formando-se ácido lático. Em cada tipo específico desenvolve-se um sabor caraterístico.

Armazenamento de queijo - Os queijos moles e não maduros têm uma qualidade de conservação limitada e requerem refrigeração. Todos os queijos devem ser conservados no frio. Para evitar que as superfícies sequem, o queijo deve ser bem embrulhado em película de plástico ou folha de metal ou mantido no recipiente original, se este proteger o queijo. Os bolores selvagens que crescem na superfície do queijo são indesejáveis e devem ser cortados. No frigorífico, os queijos fortes que não estejam bem embrulhados podem contaminar outros alimentos que absorvem facilmente os odores.

A congelação não é recomendada para a maior parte dos queijos, uma vez que, ao serem descongelados, tendem a ficar mal cozidos e esfarelados. No entanto, algumas variedades de queijo podem ser congeladas satisfatoriamente em pequenos pedaços. Quando se trata de descongelar um queijo congelado, este pode ser retirado do congelador e colocado no frigorífico durante um minuto e dez dias antes de ser utilizado, de modo a obter uma descongelação lenta. Isto ajuda a evitar os efeitos prejudiciais da congelação e contribui para preservar o sabor, o corpo e a textura originais.

O queijo apresenta normalmente o seu sabor mais caraterístico quando é servido à temperatura ambiente. Uma exceção é o queijo fresco, que deve ser servido frio. A quantidade de queijos a utilizar deve ser retirada do frigorífico cerca de 30 minutos antes de ser servida.

SOBREMESAS CONGELADAS

As sobremesas congeladas são muitas das sobremesas mais populares em todo o mundo, especialmente durante os meses quentes do ano, quando algo frio e doce é particularmente convidativo. No entanto, são servidas durante todo o ano. Os velhos favoritos entre as sobremesas incluem gelado, leite gelado, congelados mais curtos, iogurte e gelados de fruta. Estes são frequentemente vendidos a granel e muitos deles são também vendidos como artigos modestos.

Tipos de Sobremesas Congeladas-

A classificação das sobremesas congeladas, em especial as que são confeccionadas na cozinha doméstica, é algo difícil devido à grande variedade de receitas.

Existem quatro tipos principais de sobremesas congeladas

1. Gelado
2. Leite gelado
3. Sorvetes
4. Água gelada.

O quadro seguinte resume as caraterísticas distintivas e as limitações regulamentares dos tipos básicos de sobremesas congeladas

Tipos	**Caraterística distintiva**	**Limitações regulamentares**
Gelo simples Creme	Médio a elevado teor de matéria gorda láctea e de matérias gordas não gordas do leite, com ou sem uma pequena quantidade de ovoprodutos, sem partículas visíveis de material aromatizante volume de corantes e aromas inferior a 55 do volume da mistura de gelado não congelado	Teor máximo de 0,5% de estabilizante alimentar Teor mínimo de 20% de matéria seca láctea
Congelado Creme de leite	Alto teor de sólidos de gema de ovo, cozinhados e creme antes da congelação. Médio a elevado teor de matéria gorda láctea e de leite SNF, com ou sem frutos de casca rija, produtos de panificação, doces ou material semelhante	Teor de estabilizante alimentar não superior a 0,5%; teor de matéria gorda de ovo não inferior a 1,4%; teor de matéria gorda de ovo não inferior a 1,12%; teor de matéria gorda láctea não inferior a 10%. Teor de sólidos totais do leite não inferior a 20%.
Gelado composto de volumo so sabor	Leite com um teor médio a elevado de matéria gorda láctea e de matérias gordas não gordas do leite, com ou sem uma pequena quantidade de ovoprodutos, com um volume total de corantes e aromatizantes superior a 5% do volume da mistura de gelado não congelado, bem como com partículas visíveis de aromatizantes	Teor não superior a 0,5% de estabilizante alimentar. Teor mínimo de 8% , teor mínimo de 16% de matéria seca total do leite.
Leite gelado	Com baixo teor de gordura, com ou sem pequenas quantidades de ovoprodutos, com ou sem chocolate, frutos de casca rija ou outro material aromatizante	Teor de estabilizante alimentar não superior a 0,5%, teor de matéria gorda láctea não inferior a 2% nem superior a 7, teor de
		menos de 11% de sólidos totais do leite
Sorvete	Baixo teor de leite SNF, sabor azedo	Acidez não inferior a 0,35%, teor de sólidos totais do leite não inferior a 1% nem superior a 2%
Imitação de gelado	Sem sólidos de leite, sabor azedo É necessária uma rotulagem adequada	

Caraterísticas das sobremesas congeladas

As sobremesas congeladas são geralmente sistemas alimentares complexos. Encontram-se com células de ar dispersas numa fase líquida contínua que contém cristais de gelo, glóbulos de gordura emulsionados, proteínas, açúcar, sais e estabilizadores. Para produtos de gelado de alta qualidade, as caraterísticas desejáveis são uma textura suave, cremosa, algo seca e rígida com pequenos cristais de gelo, corpo suficiente para que o produto derreta lenta e uniformemente e um sabor doce e fresco caraterístico.

Formação de cristais - Todos os tipos de sobremesas congeladas são produtos cristalinos em que a água é cristalizada sob a forma de gelo. O objetivo da preparação é geralmente obter cristais finos e produzir uma sensação suave na boca. No entanto, são visíveis algumas diferenças no tamanho dos cristais e na textura cremosa de muitos produtos, dependendo do teor de gordura e da utilização de estabilizadores. Por exemplo, os frutos que não contêm gordura têm normalmente doces mais cristalinos, nos quais os cristais são de açúcar, e também produzem cristais de gelo finos em sobremesas congeladas. Tanto a gordura como os sólidos não gordurosos, como as proteínas, interferem mecanicamente na formação e crescimento dos cristais. Muitos estabilizadores, incluindo vegetais e gomas, são hidrocolóides que ligam grandes quantidades de água, aumentam a viscosidade e interferem com a cristalização.
Valor nutritivo das sobremesas congeladas - Quanto maior for a percentagem de leite nas sobremesas congeladas, mais importante é a contribuição das proteínas, minerais e vitaminas. As sobremesas com um elevado teor de gordura de manteiga têm, obviamente, um valor calórico e vitamínico mais elevado. Um conteúdo de sobremesas congeladas com baixa percentagem de gordura. As sobremesas congeladas, para terem um sabor doce desejável, devem ter um teor de açúcar mais elevado do que a maioria dos outros tipos de sobremesas, devido aos efeitos atenuantes do frio, da temperatura ou da sensação gustativa. Os sumos de fruta e os sorvetes, devido à sua acidez, também requerem um teor de açúcar elevado em gordura e vitamina, que provavelmente não é afetado pelo congelamento.

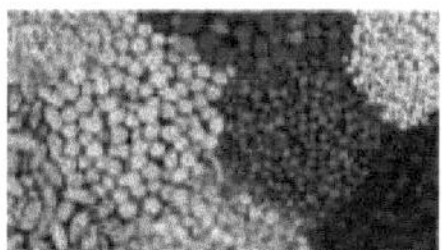

PULSOS

As leguminosas são os frutos ou sementes comestíveis de plantas com vagens pertencentes à família das leguminosas e são amplamente cultivadas em todo o mundo. Têm um elevado teor de proteínas, que varia entre 20 e 40%, o que as torna importantes para a alimentação humana do ponto de vista da nutrição. A desnutrição energético-protéica (PEM) é generalizada nos países em desenvolvimento e as leguminosas podem desempenhar um papel importante para colmatar o défice de proteínas. Um nome alternativo para as leguminosas é "legumes", que é comum em muitas partes do mundo. Na Índia, o termo "grama" é geralmente utilizado para as sementes de leguminosas secas com casca, enquanto os grãos decorticados divididos são designados por "dal".

Composição

A composição comestível das sementes de leguminosas comestíveis depende da espécie. Em geral, o seu teor de proteínas é elevado e é geralmente superior ao dobro do dos grãos de cereais, constituindo normalmente cerca de 20% do peso seco das sementes. O teor de proteínas de algumas leguminosas, como a soja, chega a atingir 40%. O valor nutritivo das leguminosas não se limita à sua inutilidade como fonte de proteínas vegetais: são ricas em hidratos de carbono e algumas espécies, como o amendoim e a soja, são também ricas em gorduras e óleos. As sementes de leguminosas são também fonte de outros materiais importantes do ponto de vista nutricional, como vitaminas e minerais. No entanto, a sua importância reside no seu valor real e potencial como fonte de proteínas vegetais na alimentação humana, a composição química de algumas leguminosas de uso comum na Índia. Para além dos factores nutricionais, as leguminosas contêm vários factores anti-nutricionais estáveis ao calor e lábeis ao calor. Estes incluem inibidores de enzimas, substâncias tóxicas, factores que provocam perturbações clínicas, factores que interferem com a digestão e substâncias que provocam flatulência. Estes factores devem ser reduzidos ou eliminados para tornar as sementes de leguminosas mais aceitáveis como fonte de proteínas nutritivas de baixo custo e maximizar a sua utilização na alimentação humana.

Proteína de pulso

As proteínas presentes nas leguminosas são principalmente globulinas, mas as albuminas estão também presentes em algumas espécies; a sua importância nutricional depende não só da quantidade de proteínas mas também da qualidade, que por sua vez depende da composição em aminoácidos. As proteínas das leguminosas são deficientes em aminoácidos com enxofre, nomeadamente metionina e triptofano, sendo este nível igual ao padrão provisório da FAO. Todas as leguminosas contêm uma quantidade suficiente de leucina e fenilalanina, os teores de lisina e treonina são baixos apenas no amendoim. De um modo geral, a proteína de leguminosa mais satisfatória do ponto de vista do padrão provisório da FAO é a soja. A maioria das proteínas das leguminosas tem um peso molecular elevado e são moléculas muito compactas, o que reduz a digestibilidade das proteínas nativas. As proteínas também formam complexos com a fitina e o polifenol presentes nas leguminosas, o que contribui para a sua baixa digestibilidade.

Hidratos de carbono

As leguminosas alimentares contêm cerca de 50 a 60 % de hidratos de carbono totais, incluindo amido, açúcares solúveis, fibras e hidratos de carbono não disponíveis. O amido representa a maior parte dos hidratos de carbono e das leguminosas. Os açúcares indisponíveis nas leguminosas incluem níveis substanciais de oligossacáridos da família dos açúcares da rafinose (rafinose, estaquiose e verbicose), que são notoriamente conhecidos pelos produtos de flatulência no homem e nos animais. Estes açúcares escapam à digestão quando são indigeridos devido à falta de atividade da α-galactosidase na mucosa dos mamíferos. Consequentemente, os oligossacáridos não são absorvidos pelo sangue e são digeridos pela microflora do trato intestinal inferior, resultando na produção de uma grande quantidade de dióxido de carbono e hidrogénio e de uma pequena quantidade de metano. Alguns dos métodos utilizados na transformação das leguminosas, como a germinação, a demolha, a cozedura e a autoclavagem, reduzem a quantidade considerável de oligossacáridos. A fermentação também reduz os oligossacáridos, como se observou durante a fermentação da grama preta.

Lípidos

Os lípidos constituem cerca de 1,5% da matéria seca das leguminosas, exceto no amendoim, na soja e no feijão. A maioria dos lípidos das leguminosas contém uma grande quantidade de ácidos gordos poli-insaturados. Estes sofrem rancidez oxidativa durante a armazenagem, o que resulta numa série de alterações indesejáveis, como a perda de solubilidade das proteínas, o desenvolvimento de sabor desagradável e a perda de qualidade nutritiva.

Minerais

As leguminosas são uma importante fonte de cálcio, magnésio, zinco, ferro, potássio e fósforo. A maior parte (cerca de 70%) do fósforo em muitas leguminosas está presente sob a forma de fitatos - complexos de fitina com proteínas e minerais que os tornam biologicamente indisponíveis para os seres humanos e os animais. Os métodos de transformação, como a cozedura, a demolha, etc., podem reduzir ou eliminar uma quantidade apreciável de fitina.

Vitamina

As leguminosas contêm uma pequena quantidade de caroteno, a provitamina A. Muitas leguminosas contêm 50-300 UI de vitamina A/100gm. As leguminosas são também bastante ricas em niacina (cerca de 2,0 mg/100gm). As leguminosas são pobres em riboflavina e as leguminosas secas são quase desprovidas de ácido ascórbico.

Processamento de pulsos

Imersão

A imersão em água é o primeiro passo na maioria dos métodos de preparação de leguminosas para consumo. Este processo reduz os oligossacáridos da família da rafinose. A demolha também reduz a quantidade de ácido fítico nas leguminosas.

Germinação

A germinação melhora o valor nutritivo das leguminosas alimentares. O teor de ácido ascórbico das leguminosas aumenta muito com a germinação. As leguminosas germinadas e germinadas têm sido utilizadas para prevenir e curar o escorbuto, os teores de riboflavina, niacina, colina e biotina de todas as leguminosas aumentam durante a germinação. O folato diminui e o valor pantoténico permanece praticamente inalterado. A germinação também provoca alterações nos hidratos de carbono das leguminosas. Parte do amido está a ser convertido em açúcares. Os rebentos podem ser utilizados como salada ou como legume. O processo de germinação reduz e ou elimina a maioria dos factores antinutricionais e tóxicos de várias leguminosas. Além disso, as preparações obtidas a partir de leguminosas germinadas, tais como as da grama-forrageira, da grama-verde e da grama-de-bengala, por métodos semelhantes aos utilizados na cozedura de sementes secas, são mais deliciosas.

Decorações".

As sementes de leguminosas secas têm um revestimento fibroso que, muitas vezes, é indigesto e pode ter um sabor amargo. Nestes casos, a pele tem de ser removida. O gérmen é geralmente removido durante o descasque, o que pode resultar numa certa perda de tiamina. As leguminosas descascadas e partidas são geralmente utilizadas na Índia como "dals". O Dal pode não ser nutricionalmente tão bom como a semente inteira, mas as suas qualidades de conservação, tempo de cozedura e digestibilidade serão melhores.

Existem vários métodos de decorticação. Um método simples consiste em pôr os grãos de molho, que podem ser facilmente separados por fricção enquanto ainda estão húmidos. Num método alternativo, os grãos demolhados podem ser secos e a casca pode ser mais facilmente separada. As leguminosas torradas, como a grama de bengala e as ervilhas, são muito utilizadas na Índia.

Cozinhar

A cozedura destrói os inibidores enzimáticos, melhorando assim a qualidade nutricional, e melhora também a palatabilidade. No entanto, as leguminosas não devem ser demasiado cozinhadas, uma vez que isso reduz a qualidade das proteínas; uma cozedura mais prolongada provoca a queda do seu valor nutritivo, uma vez que resulta na perda de lisina. O aquecimento prolongado também resulta na perda de vitaminas e, consequentemente, na perda de nutrientes.

Fermentação

O processamento de leguminosas alimentares por fermentação aumenta a sua digestibilidade, palatabilidade e valor nutritivo. O feijão de soja é uma leguminosa muito valiosa, cuja proteína se aproxima da qualidade da proteína animal. No entanto, não pode ser utilizado diretamente como alimento devido à substância tóxica presente na leguminosa. A substância tóxica pode ser eliminada através da fermentação. No Sudeste Asiático, foram descritos vários produtos fermentados de grama de Bengala semelhantes aos da grama preta fermentada e do arroz. Este processo de fermentação melhora a disponibilidade de aminoácidos essenciais, aumentando assim a qualidade nutricional das proteínas da mistura. De um modo geral, o valor nutritivo dos alimentos fermentados à base de leguminosas demonstrou ser mais elevado do que o da sua contraparte crua.

Concentração de proteínas de pulso

A separação da proteína digerível da porção indigestível das leguminosas é de grande importância nutricional e económica. Esses extractos proteicos foram obtidos a partir de bagaço de soja e de amendoim - esses concentrados estão isentos de factores antinutricionais e produzem proteínas nutricionalmente valiosas, pelo que os efeitos da obtenção desses concentrados e isolados proteicos com factores antinutricionais reduzidos ou inexistentes ajudarão a resolver o problema da desnutrição proteica nos países em desenvolvimento.

Utilização de sementes

Os frutos e as sementes das leguminosas podem ser utilizados de várias formas e o seu valor nutritivo pode ser influenciado de forma acentuada pelo modo como são utilizados e pela sua utilização depois de terem sido sujeitos a alguns tipos de transformação foi descrito e as formas como as leguminosas não transformadas são utilizadas são as seguintes:

1. Sementes maduras - Uma grande parte das sementes de leguminosas é consumida sob esta forma. É conveniente utilizá-las desta forma, pois é económico armazenar a colheita como sementes secas (exceto as leguminosas que contêm óleo) sem perda de valor nutritivo, desde que o teor de humidade do grão seja baixo e se evitem as pragas de armazenamento. Há, contudo, certas leguminosas, como o feijão-traça, que se tornam muito duras durante o armazenamento e requerem uma demolha e cozedura prolongadas antes de serem reduzidas a um estado aceitável para consumo. A grande maioria das leguminosas pode ser utilizada como tal após a armazenagem, demolhando as sementes secas e cozendo-as em água.
2. Sementes frescas - As leguminosas que podem ser utilizadas como sementes secas podem também ser utilizadas como sementes frescas maduras ou imaturas. Se as vagens forem duras e fibrosas, as sementes são separadas e cozinhadas como sementes frescas, pois os produtos obtidos têm melhor sabor e aroma do que os das sementes secas.
3. Vagens imaturas - As leguminosas que produzem vagens que permanecem frescas durante duas ou três semanas antes de a fibra se tornar dura, podem ser utilizadas como legumes verdes. Esta é a forma comum de utilização de alguns feijões. Os valores nutricionais dos frutos imaturos são diferentes dos das sementes maduras, o seu teor de proteínas é inferior, mas são relativamente ricos noutras vitaminas e minerais.

Constituinte tóxico das leguminosas

As sementes das leguminosas incluem tanto o tipo comestível como o não comestível. Mesmo entre as leguminosas comestíveis ocorre um princípio tóxico e a sua eliminação é importante para a sua exploração para fins comestíveis. Dois factores termo-lábeis estão implicados nos efeitos tóxicos. O primeiro inclui inibidores das enzimas tripsina, quimotripsina e α-amilase e o segundo inclui heamaglutininas que impedem a absorção dos produtos da digestão no intestino. Além disso, as leguminosas contêm também goitregen, uma saponina tóxica, glicosídeos cinogénicos e alcalóides.

O inibidor da tripsina é uma proteína que se encontra num certo número de leguminosas. O inibidor suprime a libertação de aminoácidos, o que não contribui para o crescimento normal dos animais alimentados com essas leguminosas. O inibidor de tripsina pode estimular a produção de tripsina adicional pelo pâncreas e, em última análise, provocar a sua perda de atividade. As hemaglutininas são também proteínas e combinam-se com os produtos da digestão, prejudicando assim a eficácia da absorção do produto digerido. Os glicosídeos cianogénicos provocam envenenamento por cianeto quando a enzima β-glucosidase hidrolisa o glucósido, libertando H-cianeto.

As saponinas são um grupo de produtos naturais que possuem a propriedade de produzir espuma ou espuma quando mergulhados em água. Trata-se de glicosídeos de elevado peso molecular. As saponinas são tóxicas e provocam náuseas e vómitos. Estas toxinas podem ser eliminadas através da demolha antes da cozedura. Sabe-se que os alcalóides se encontram nas sementes de muitas leguminosas, mas são relativamente inócuos.

Alguns compostos encontrados nas sementes de leguminosas parecem disparar o iodo, incluindo um estado de deficiência de iodo na tiroide, acabando por produzir bócio. Também é possível que o bócio seja o resultado do bloqueio da absorção de iodo pela tiroide na presença de tal composto.

As substâncias tóxicas presentes nas leguminosas provocam patologias graves. São os factores presentes no *khesri dal* que provocam o paratirismo e os factores hemolíticos da vic. iafaba associados à doença conhecida como favismo.

Latirismo

Trata-se de uma doença paralítica que afecta o membro inferior. A incidência da doença é mais elevada nos homens do que nas mulheres e, normalmente, não há recuperação da doença. A doença é conhecida desde tempos remotos e há referências a ela nos primeiros escritos médicos indianos. Neste país, ocorreram várias vezes surtos graves de paratirismo.

A doença tem sido associada ao consumo de khesri dal e é comummente observada em famílias pobres que comem continuamente quantidades consideráveis de dal. Mesmo quando outras culturas falham, esta leguminosa prospera e, nesta intensidade de escassez, as pessoas pobres são forçadas a comer este dal. No entanto, o paratirismo só se desenvolve quando o consumo de dal é elevado e a dieta não contém quantidades adequadas de cereais e é utilizada durante muito tempo.

No paratirismo, a substância tóxica interfere com a formação de fibras normais de colagénio no tecido conjuntivo. A doença pode ser prevenida assegurando um equilíbrio razoável entre o khesri dal e outros minerais alimentares e a sua substituição por outras leguminosas, sempre que possível.

Favismo

Trata-se de uma anemia hemolítica. A doença está quase inteiramente confinada a pessoas que vivem na base do Mediterrâneo ou de origem mediterrânica. Em vários casos de favismo, a morte pode ocorrer dentro de 24-48 horas após o início do ataque. As crianças são mais susceptíveis de sucumbir do que os adultos. Se a vítima sobreviver à fase aguda, a recuperação demora normalmente cerca de quatro semanas. O fascismo é provocado pela ingestão de favas ou pela inalação do pólen da flor. A vítima sofre de uma anomalia bioquímica hereditária que afecta o metabolismo do glutatião. Esta anomalia afecta o metabolismo do glutatião nas hemácias e resulta de uma diminuição da adequação da enzima glucose-6-fosfato desidrogenase. Nas pessoas com esta anomalia, as hemácias são mais susceptíveis de serem lesadas e destruídas por determinados medicamentos, como as sulfonamidas, o que complica o tratamento de doenças infecciosas.

Eliminação de factores tóxicos

Já foi indicado que a demolha, o aquecimento e a fermentação podem reduzir ou eliminar a maioria dos factores tóxicos encontrados nas leguminosas. A aplicação correta do calor na cozedura das leguminosas elimina a maior parte dos factores tóxicos sem comprometer o valor nutritivo. A cozedura também contribui para a digestibilidade das leguminosas. O calor provoca a desnaturação da proteína responsável pelo inibidor de tripsina, das hemaglutininas e das enzimas responsáveis pela hidrólise dos glicosídeos cianogénicos. O modo de aplicação do calor é importante na autoclavagem e a imersão seguida de aquecimento é eficaz. Outra forma de eliminar os factores tóxicos é através da fermentação, que produz produtos mais digeríveis e de maior valor nutritivo do que as leguminosas cruas.

CEREAIS

Os cereais são sementes da família das gramíneas. A palavra cereal deriva de cereals, a deusa romana do grão. O trigo, o milho, o arroz, a aveia, o centeio, a cevada e o milheto são os cereais mais importantes utilizados na alimentação humana. O sorgo em grão é utilizado principalmente para a alimentação animal, mas dele é extraído o amido para uso alimentar comercial.

O amaranto é uma planta semelhante a um cereal, coberta de cor avermelhada, que reduz a abundância de pequenas sementes. O amaranto é uma destas plantas raras cujas folhas são consumidas como legumes, enquanto as sementes são utilizadas como cereais.

Estrutura dos cereais

Todos os cereais integrais têm uma estrutura semelhante: camadas exteriores de farelo, um gérmen e uma porção de endosperma rico em amido. A composição dos cereais varia consoante a parte ou as partes do grão que são utilizadas.

O farelo: A camada de palha que cobre o grão durante o crescimento é eliminada quando os grãos são colhidos. As camadas exteriores do grão propriamente dito, designadas por farelo, constituem cerca de 5% do grão. O farelo tem um elevado teor de fibras e de cinzas minerais. O farelo moído pode também conter algum gérmen. A camada de aluerona é constituída pelas células quadradas situadas imediatamente abaixo das camadas de sêmea do grão. Estas células são ricas em proteínas, fósforo e tiamina e contêm também alguma gordura. A camada de aleurona representa cerca de 8% do grão inteiro. Na moagem da farinha branca, a camada de aleurona é removida com o farelo.

Endosperma: É a grande porção central do grão e constitui cerca de 63% do grão. Contém a maior parte do amido e a maior parte das proteínas do grão, mas muito pouca matéria mineral ou fibra e apenas vestígios de gordura. O teor de vitaminas do endosperma é geralmente baixo. A farinha branca moída provém inteiramente do endosperma.

Germe: Também chamado de embrião, é uma pequena estrutura na extremidade inferior do grão, a partir da qual começa a germinação e a nova planta cresce. Normalmente, representa apenas 2-3% de todo o grão. É rico em gordura, proteínas, minerais e vitaminas. Quando o grão é partido, como acontece em determinados processos de transformação, a gordura é exposta ao oxigénio do ar. Este facto reduz consideravelmente o tempo de armazenamento do grão, pois a gordura pode tornar-se rançosa. O grão partido ou moído é também mais suscetível de ser infestado por insectos.

Valor nutritivo dos cereais (cereais integrais versus cereais refinados) - Os cereais são uma fonte de energia barata, fornecendo 1600-1700 calorias. Os cereais integrais são uma boa fonte de ferro, tiamina e niacina e uma boa fonte de riboflavina. São uma boa fonte de proteínas. Embora a proteína seja de melhor qualidade do que a proveniente apenas do endosperma, ainda precisa de ser complementada com proteínas do leite, ovos, carne ou leguminosas. Os cereais integrais são boas fontes de celulose, que fornece volume ao trato gastrointestinal. Os cereais refinados fornecem principalmente energia a partir do amido e algumas proteínas incompletas.

Enriquecimento de cereais

O enriquecimento dos cereais pode consistir em restituir-lhes os principais nutrientes removidos pela moagem; o ferro, a tiamina, a niacina e a riboflavina são os nutrientes que devem ser adicionados ou restituídos aos cereais refinados quando estes são enriquecidos. A adição de cálcio e de vitamina D é facultativa. Se um cereal for enriquecido, deve ser rotulado em conformidade com os requisitos de rotulagem da lei. É exigido o enriquecimento da farinha branca do pão branco. O enriquecimento da farinha de milho germinado e dos grãos de milho é obrigatório em algumas zonas; pelo menos duas exigem o enriquecimento do arroz branco. O arroz polido pode ser enriquecido devolvendo à superfície das amêndoas ou dos grãos uma mistura dos nutrientes removidos juntamente com a sêmea e o gérmen. Por este motivo, os cereais polidos não devem ser lavados antes de serem cozinhados. O arroz parboilizado retém uma elevada proporção dos nutrientes que são removidos quando o arroz branco é polido.

Processamento do Cereal do Mercado

Fresagem

Embora seja possível cozinhar e comer o grão de cereal inteiro, não é habitual fazê-lo. Os cereais não se conservam tão bem com o gérmen e muitas pessoas consideram-nos mais saborosos sem a camada exterior de farelo. Além disso, o tempo de cozedura necessário para o cereal integral é muito maior do que para o cereal moído. Por estas razões, os cereais são moídos antes de serem colocados no mercado. A moagem pode envolver a subdivisão do grão. Por exemplo, o grão de trigo inteiro pode ser subdividido em trigo grosseiro rachado, trigo granulado fino e farinha de trigo integral ainda mais fina. O endosperma do milho, do qual foi retirado o pericarpo por imersão em álcali, é comercializado inteiro como canjica, rachado como grão e moído como farinha de milho.

Para separar a sêmea e o gérmen do endosperma do trigo, os grãos são passados entre os rolos que funcionam a alta velocidade. O calor dos rolos faz com que a gordura do gérmen se funda e o gérmen e a sêmea se desprendam nos linhos. Estes são separados do endosperma através de uma combinação de deslocação e corrente aviária para remover pedaços do farelo mais leve. Em seguida, o endosperma é passado entre os rolos colocados cada vez mais próximos uns dos outros, subdividindo o endosperma. Após cada passagem pelos rolos, o material é deslocado. Os pedaços de endosperma que resistem mais à fissuração são utilizados diretamente como cereais de pequeno-almoço ou para fazer cereais de pequeno-almoço. Quando a sêmea e o gérmen são retirados, uma grande parte dos nutrientes, com exceção do amido e das proteínas, desaparece. Os cereais aos quais foram retirados o farelo e o gérmen através da moagem são designados por cereais refinados.

Tratamento térmico

Alguns cereais são comercializados sem qualquer tratamento térmico, mas alguns são parcial ou totalmente pré-cozinhados. Os produtos de trigo que não foram aquecidos incluem o trigo rachado, a farina e a sêmea. No caso de um tipo de flocos de trigo parcialmente cozinhados, os pedaços de grão são cozidos a vapor, achatados e tostados antes de serem comercializados. Os produtos de trigo pré-cozinhados e prontos a consumir incluem o trigo tufado, o trigo desfiado e os flocos de trigo. A aveia em flocos normal é feita a partir do grão inteiro; a aveia de cozedura rápida é feita de pedaços do grão. O arroz integral, o arroz polido e o arroz selvagem não são aquecidos. O arroz transformado é vaporizado sob pressão para forçar a passagem dos nutrientes solúveis em água do farelo e do gérmen para o endosperma. Após este tratamento, o arroz é seco e depois polido como o arroz branco. O arroz de cozedura rápida existente no mercado foi parcialmente cozido e tanto o arroz instantâneo como o arroz tufado são pré-cozinhados. Este último está pronto a consumir e o arroz instantâneo não necessita de cozedura; apenas tem de cozer em água quente adicionada. Os cereais são submetidos a temperaturas elevadas, como no caso do arroz tufado e tostado, e o calor pode destruir alguma tiamina e diminuir o valor nutritivo das proteínas.

Grão de cereais comum

Trigo

É uma das plantas mais cultivadas no mundo. O trigo é normalmente moído para fazer farinha. O trigo utilizado para a farinha é frequentemente classificado em termos de "dureza" ou "suavidade". As variedades de trigo duro têm um teor mais elevado de proteínas do que as variedades de trigo mole e, normalmente, têm uma maior força de cozedura, na medida em que resultam num pão de grande volume e textura. A farinha de trigo é especialmente adequada para o fabrico de pão porque contém proteínas que desenvolvem fortes propriedades elásticas na massa Nenhum outro cereal se equipara ao trigo em termos de qualidades de fabrico de pão, classes de trigo, moagem e farinha.

O trigo duro é um trigo muito duro, não panificável, com elevado teor de proteínas, utilizado principalmente no fabrico de macarrão e outras massas alimentícias.

O Bulgur é o trigo que é primeiro cozido e depois seco. É removida uma pequena quantidade das camadas exteriores de farelo e o trigo é depois normalmente rachado. Trata-se de uma forma antiga de transformação do trigo, utilizada nos tempos bíblicos. O Bulgur encontra-se frequentemente na secção de alimentos governamentais dos supermercados.

Milho

O grão de milho tem uma grande variedade de utilizações em produtos alimentares. É transformado em canjica, que é o endosperma do grão de milho libertado do farelo e do gérmen. O endosperma inteiro da canjica é partido em pedaços bastante pequenos para fazer grãos de canjica. O milho também é moído para fazer farinha de milho, um produto granulado moído sem o gérmen e a maior parte do farelo, ou com todo o grão, exceto as partículas maiores de farelo. Tanto o milho branco como o amarelo são utilizados para fazer farinha de milho. A farinha refinada pode ser enriquecida.

O milho é também um componente importante de muitos cereais de pequeno-almoço. A farinha de milho é utilizada em várias misturas de farinhas comerciais. O óleo de milho, que contém uma elevada proporção de AGPI, é extraído do gérmen do grão de milho. O xarope de milho e a glucose são produzidos pela hidrólise do amido de milho. O milho é claramente muito versátil. Tem milhares de utilizações, não só na alimentação mas em todos os tipos de produtos de consumo e industriais.

Arroz

Os grãos de arroz podem ser parboilizados antes da moagem num processo especial de pressão de vapor, que gelatiniza o amido e altera as caraterísticas de cozedura do arroz. O arroz parboilizado, também chamado arroz convertido, requer uma cozedura mais longa do que o arroz branco normal. A parboilização melhora o valor nutritivo do arroz branco branqueado, uma vez que o processo de aquecimento provoca a migração das vitaminas e dos minerais das camadas exteriores para o interior do grão, que ficam retidos após a moagem. A qualidade de conservação do arroz parboilizado é melhor do que a do grão não tratado.

As variedades de arroz de grão longo têm um teor comparativamente elevado de amilose e são leves e fofas quando cozinhadas. Os grãos cozinhados tendem a separar-se. As variedades de grãos médios e curtos contêm menos amilose, absorvem menos água durante a cozedura e os grãos são mais aderentes ou pegajosos quando cozinhados.

Arroz branco - O desafio da cozinha de arroz é manter a forma do grão e, ao mesmo tempo, cozer o grão até ficar completamente tenro. Normalmente, sugere-se que o arroz seja cozinhado com a quantidade de água que será totalmente absorvida durante a cozedura. O arroz não precisa de mais do que o dobro do seu volume de água. O arroz normal aumenta para cerca de três vezes o seu volume durante a cozedura.

Quando cozinhado pelo método de ebulição, o arroz é adicionado a 2-2/4 e 1/4 vezes o seu volume de água a ferver, levado de novo à ebulição, tapado e terminado em lume brando.

Arroz integral - Pode ser cozinhado pelo mesmo método utilizado para cozinhar o arroz branco, mas deve ser cozinhado durante o dobro do tempo. Devido ao tempo de cozedura mais longo, é necessário um pouco mais de água para permitir a evaporação, podendo-se demolhar até duas vezes e meia o volume de arroz durante uma hora em água para amolecer o farelo e encurtar o período de cozedura. Não tende a tornar-se pegajoso com a cozedura. Também se encontra disponível arroz integral pré-cozinhado. O arroz selvagem é geralmente cozinhado em água com sal durante cerca de 20-25 minutos até ficar tenro.

Tipo de cereal	**Água absorvida**	**Quantidade de cereais**
Cereais laminados ou em flocos	2 -2 ½	1
Granulado	4 -5	1
Cereais estalados	Cerca de 5	1
Cereais integrais	cerca de 4 a menos que os cereais tenham sido demolhados durante várias horas	1

Arroz pré-cozinhado - Pode ser preparado muito rapidamente. Adiciona-se água a ferver ao arroz, a mistura volta a ferver, retira-se da fonte de calor e deixa-se repousar tapado até o arroz inchar.

Cevada

A cevada em pérola é a principal forma de utilização deste cereal atualmente na Índia. A perolização é o processo que remove a casca exterior da cevada, deixando uma pequena pérola branca e redonda de grão, do tipo que se vê nas sopas. A cevada pode tornar-se uma fonte valiosa de beta-glucano para a indústria alimentar. Existe alguma farinha de cevada, que pode ser utilizada em cereais de pequeno-almoço e alimentos para bebés. A cevada germinada é uma fonte de malte, que é rico em uma enzima chamada amilase. Uma fonte de cevada disponível comercialmente para cozer e cozinhar pode ser a cevada maltada, que é um subproduto da indústria cervejeira. Embora a maior parte do beta-glucano seja removida no processo de maltagem, permanece uma substância oleosa concentrada chamada tocotrienol, que parece ter uma capacidade de baixar o sangue.

Trigo mourisco

Não é uma semente que pertença à família das gramíneas, é uma semente da família das herbáceas. Devido ao facto de conter uma substância glutinosa e de ser transformado em farinha, é geralmente considerado como um produto à base de cereais. A farinha de trigo mourisco fina tem pouco do seu revestimento fibroso espesso. Neste aspeto, é semelhante à farinha branca refinada. É apreciada pelo seu sabor caraterístico e é habitualmente utilizada no fabrico de grelhados.

Cozedura de cereais

Objectivos - A cozedura dos cereais aumenta a sua digestibilidade e a sua palatabilidade. A mastigação de cereais não cozinhados é desgastante para os molares. A cozedura amolece a celulose, mas aumenta sobretudo a palatabilidade dos cereais devido ao seu efeito sobre o principal componente, o amido. São necessários 2-6 volumes de água para cozer um volume de cereal devido à absorção de água pelo amido gelatinizante.

Precauções - Um dos problemas na cozedura dos cereais, tal como na utilização do próprio amido na cozinha, é evitar a formação de grumos. Quando o cereal seco é adicionado à água a ferver, deve ser mexido com um garfo, mas apenas o suficiente para evitar a formação de grumos. Uma agitação excessiva, quer mexendo ou deixando a água ferver vigorosamente, resulta num produto inferior.

Quando o cereal é moído, as células do grão são fracturadas e alguns dos grãos de amido incorporados são expostos nas superfícies das partículas individuais. Se os cereais forem agitados durante a cozedura, muitos destes grãos de amido são deslocados. Os cereais cozinhados têm uma melhor consistência se os grãos de amido permanecerem no seu lugar na superfície dos pedaços de cereais. Os cereais em flocos são particularmente susceptíveis à desintegração por agitação durante a cozedura porque os flocos são inerentemente mais frágeis do que os grânulos. Para além do efeito sobre a consistência, se o calor for demasiado elevado sob o cereal, é provável que este se queime.

Quantidade de sal - Aproximadamente 1 colher de sopa de sal por chávena de cereal seco serve para temperar todos os cereais, exceto os finos, para os quais se sugere um pouco mais de sal.

Efeito da água de cozedura alcalina - O arroz polido ou o cereal refinado podem apresentar uma cor creme ou amarela quando cozinhados em água alcalina devido à presença de compostos flavonóides. Uma pequena quantidade de ácido adicionada à água de cozedura, de preferência no final do período de cozedura, manterá os pigmentos incolores.

Utilizações de restos de cereais-

1. Arrefecido em moldes e cortado em tiras, o cereal pode ser dourado em gordura e servido em vez de torradas ao pequeno-almoço ou em vez de legumes ricos em amido ao almoço ou ao jantar.
2. Os restos de cereais podem ser utilizados para fazer scrapple, que consiste numa mistura de farinha de milho com restos de carne cozinhada e depois deixada arrefecer. Esta é uma herança de uma época menos sofisticada, em que os porcos eram abatidos em formas e havia quantidades de restos de carne para eliminar sem desperdício.
3. Os restos de cereais podem ser utilizados para fazer coberturas de tartes de carne, como forro para a caçarola feita com restos de guisado ou creme.

Cereais de pequeno-almoço

A composição dos cereais de pequeno-almoço é muito variável, dependendo do tipo de grão, da parte do grão utilizada, do método de moagem e do método de transformação. Podem ser crus, parcialmente cozinhados ou completamente cozinhados. A alguns cereais são adicionadas quantidades consideráveis de açúcares, xaropes, melaços ou mel. Nalguns produtos, o aquecimento dextriniza parte do amido e produz sabores tostados.

Cereais prontos a cozinhar e instantâneos

Os cereais crus que são cozinhados nas cozinhas domésticas e industriais incluem os grãos inteiros, os grãos rachados ou esmagados, os produtos granulares feitos de grãos inteiros ou da secção endosperma da amêndoa e os grãos laminados ou em flocos são cozinhados num período mais curto e, por conseguinte, são descritos como sendo de cozedura rápida. O fosfato dissódico é por vezes adicionado à farina para uma cozedura rápida. Altera o pH do cereal, tornando-o mais alcalino e fazendo com que inche mais rapidamente e cozinhe num período mais curto.

O amido dos cereais instantâneos, incluindo a farina e a aveia em flocos, foi pré-gelatinizado por cozedura prévia, pelo que, quando se adiciona água a ferver e a mistura é simplesmente agitada, o cereal está pronto a ser consumido.

Cereais prontos a comer

O processo de base utilizado na produção de cereais preparados inclui a trituração, o sopro, a granulação, a descamação e a extrusão. São frequentemente utilizadas misturas de cereais ou farinhas de cereais. Os ingredientes habitualmente adicionados aos cereais prontos a consumir incluem agentes edulcorantes, sal, agentes aromatizantes, corantes e anti-oxidantes como conservantes. Na maioria dos casos, os cereais são fortificados num grau comparativamente elevado com minerais e vitaminas que são adicionados em fases da transformação para além das quais não estão sujeitos a destruição pelo calor.

Na produção de cereais tufados, o grão inteiro é limpo e acondicionado e colocado numa câmara de pressão. A pressão na câmara é elevada a um nível elevado, sendo depois subitamente libertada. A expansão do vapor de água ao ser libertada a pressão faz com que os grãos inchem várias vezes em relação ao seu tamanho original. O produto tufado é seco por tostagem e depois arrefecido para ser embalado.

Os cereais em flocos são fabricados enrolando ligeiramente o grão entre rolos lisos para fraturar a camada exterior do grão inteiro limpo e condicionado. Este cereal é então cozinhado e são-lhe adicionados diversos aromatizantes ou edulcorantes de modo a penetrarem no cereal laminado. O produto cozinhado é seco, condicionado, descascado em rolos de descasque pesados, torrado, arrefecido e embalado.

Na preparação de cereais de pequeno-almoço granulados, é feita uma massa de contacto com levedura a partir de uma mistura de farinhas. A massa é fermentada e transformada em folhas grandes que são cozidas. As folhas cozidas são depois partidas, secas e moídas até ficarem finas.

Uma série de produtos fabricados, como os snacks e os cereais de pequeno-almoço, são extrudidos. Neste processo, o material à base de cereais é transformado numa massa, que é introduzida na extrusora. O teor de humidade, o tempo, a temperatura e a pressão são cuidadosamente controlados para alcançar o resultado desejado. Em muitos casos, é utilizada uma temperatura elevada e um período de cozedura de curta duração para produzir os cereais expandidos prontos a comer. O amido é gelatinizado no material à medida que este se move através da extrusora e forma-se um gel coloidal. Quando o produto sai do bocal da extrusora, a súbita queda de pressão permite que a água sobreaquecida forme vapor de água ou vapor. A massa insufla então a água com numerosas células minúsculas e fixa-se no seu estado expandido.

Preparação do pequeno-almoço

O principal objetivo da cozedura dos cereais é melhorar a palatabilidade e a digestibilidade. Historicamente, os cereais podem ter sido inicialmente consumidos como grãos inteiros, sem preparação prévia. Mais tarde, o calor foi aplicado na salga dos grãos. Ainda mais tarde, foi adicionada água antes da aplicação do calor.

A panificação de cereais é fundamentalmente uma cozinha de amido porque o amido é o nutriente predominante dos cereais. Outros factores envolvidos são a fibra, que é principalmente a camada exterior do farelo, e a proteína, que é também um constituinte proeminente do cereal. Até ser amolecido ou desintegrado mecanicamente, o farelo pode interferir com a passagem de água para o interior do grão e, presumivelmente, pode retardar o inchaço do amido. Se a celulose for finalmente dividida, a sua afinidade com a água aumenta consideravelmente. As temperaturas necessárias para cozer o amido são mais do que adequadas para cozer as proteínas dos cereais

Técnicas que combinam cereais e água

1. Deitar gradualmente o cereal seco na água a ferver. Pode ser necessário mexer ligeiramente, mas se a água não parar de ferver, a agitação pode ser desnecessária.
2. Misture o cereal com água fria antes de o adicionar à água a ferver. A água fria tende a separar as partículas.
3. O sal é normalmente adicionado à água a ferver antes de se juntarem os cereais.
4. Uma agitação excessiva quebra as partículas de cereais de tal forma que estas perdem a sua

identidade. Mesmo os cereais granulados podem ser quebrados para formar uma massa mais gomosa do que a que resultaria do aquecimento com o mínimo de agitação

Proporção de água em relação aos cereais

A proporção de água em relação ao cereal varia em função do tipo de cereal, da quantidade cozinhada, do método de cozedura, da duração da cozedura e da consistência desejada no cereal acabado. A maioria das pessoas parece preferir uma consistência bastante espessa, mas não demasiado espessa para ser deitada. A quantidade de água deve ser suficiente para permitir o inchaço dos grânulos de amido. Se a consistência for demasiado fina, pode ser necessário continuar a cozedura para evaporar o excesso de água.

Temperatura e período de tempo

Os cereais podem ser cozinhados inteiramente em lume direto, a uma temperatura baixa a moderada, ou podem ser colocados em banho-maria depois de os cereais terem sido adicionados à água a ferver. O tempo de cozedura é um pouco menor em lume direto do que em banho-maria.

Os principais factores que afectam o tempo necessário para cozinhar os cereais são o tamanho das partículas, a quantidade de água utilizada, a presença ou ausência de farelo, a temperatura e o método utilizado. Finalmente, os cereais de endosperma granulado, como a farina, os cereais de cozedura rápida e os cereais pré-cozinhados, cozinham em menos tempo do que os cereais inteiros ou rachados e completamente crus.

O trigo integral está disponível em algumas zonas e pode ser utilizado como cereal de pequeno-almoço. Se for demolhado antes de ser cozinhado, a cozedura demora menos tempo. Em qualquer caso, são necessárias 1-2 horas de cozedura para amolecer o farelo e gelatinizar completamente o grânulo de amido.

FARINHA

A farinha é um pó obtido através da moagem de grãos de cereais não cozidos ou das suas sementes ou raízes (como a mandioca). É o principal ingrediente do pão, que é um alimento básico para muitas culturas, tornando a disponibilidade de fornecimentos adequados de farinha uma questão económica e política importante em vários momentos da história. A farinha de trigo é um dos ingredientes mais importantes nas culturas da Oceânia, da Europa, da América do Sul, da América do Norte, do Médio Oriente, da Índia e do Norte de África, e é o ingrediente que define os seus estilos de pão e pastelaria.

A palavra inglesa para "flour" é originalmente uma variante da palavra "flower". Ambas derivam do francês antigo *fleur* ou *flour,* que tinha o significado literal de "flor" e um significado figurativo de "o mais fino". A expressão "fleur de farine" significava "a parte mais fina da farinha", uma vez que a farinha resultava da eliminação da matéria grosseira e indesejável do grão durante a moagem.

Composição

A farinha contém uma elevada proporção de amidos, que são um subconjunto de hidratos de carbono complexos, também conhecidos como polissacáridos. Os tipos de farinha utilizados na culinária incluem a farinha para todos os fins (conhecida como "plain" fora da América do Norte), a farinha com fermento (conhecida como "self-raising" fora da América do Norte) e a farinha para bolos, incluindo a farinha branqueada. Quanto mais elevado for o teor de proteínas, mais dura e forte é a farinha e mais produzirá pães estaladiços ou em borracha. Quanto mais baixo for o teor de proteínas, mais macia será a farinha, o que é melhor para bolos, biscoitos e crostas de tartes.

Farinha não branqueada

A farinha não branqueada é simplesmente a farinha que não foi branqueada e que, por conseguinte, não tem a cor da farinha "branca". Um exemplo é a farinha Graham, cujo inventor, Sylvester Graham, era contra a utilização de agentes branqueadores, que considerava prejudiciais à saúde.

Farinha branqueada

A "farinha refinada" teve o germe e o farelo removidos e é tipicamente referida como "farinha branca". "Farinha branqueada" é qualquer farinha refinada com um agente branqueador adicionado.

A farinha branqueada é envelhecida artificialmente usando um agente de branqueamento, um agente de maturação, ou ambos. Um agente branqueador afectaria apenas os carotenóides da farinha; um agente de maturação afecta o desenvolvimento do glúten. Um agente de maturação pode reforçar ou enfraquecer o desenvolvimento do glúten.

Os quatro aditivos mais comuns utilizados atualmente como agentes de branqueamento/maturação nos EUA são

Bromato de potássio (será listado como um ingrediente/aditivo) - um agente de maturação que fortalece o desenvolvimento do glúten. Não branqueia.

Peróxido de benzoílo - branqueia. Não actua como agente de maturação - não tem efeito sobre o glúten

Ácido ascórbico (Será listado como um ingrediente/aditivo, mas vê-lo na lista de ingredientes pode não ser uma indicação de que a farinha foi amadurecida usando ácido ascórbico, mas sim que teve uma pequena quantidade adicionada como um melhorador de massa) - Agente de amadurecimento que fortalece o desenvolvimento do glúten. Não branqueia.

Gás cloro - Actua como um agente de branqueamento e um agente de maturação, mas que enfraquece o desenvolvimento do glúten. A cloração também oxida os amidos na farinha, tornando mais fácil para a farinha absorver água e inchar, resultando em massas mais espessas e mais rígidas. A formação retardada do glúten é desejável em bolos, biscoitos e bolachas, pois de outra forma torná-los-ia mais duros e semelhantes a pão. A modificação dos amidos na farinha permite a utilização de uma massa mais húmida (tornando o produto final mais húmido) sem destruir a estrutura necessária para bolos e biscoitos leves e fofos. A farinha clorada permite que os bolos e outros produtos de pastelaria endureçam mais rapidamente, cresçam melhor, a gordura seja distribuída mais uniformemente, com menor vulnerabilidade ao colapso.

A farinha para bolos, em particular, é quase sempre clorada. Existe pelo menos uma farinha rotulada como "mistura de farinha para bolos não branqueada" (comercializada pela King Arthur) que não é branqueada, mas o teor de proteínas é muito mais elevado do que o da farinha para bolos típica, com cerca de 9,4% de proteínas (a farinha para bolos tem normalmente cerca de 6% a 8%). De acordo com a King Arthur, esta farinha é uma mistura de uma farinha de trigo não branqueada mais finamente moída e de amido de milho, o que permite obter um melhor resultado final do que a farinha de trigo não branqueada isoladamente (o amido de milho misturado com farinha para todos os fins substitui habitualmente a farinha para bolos quando esta última não está disponível). O produto final é, no entanto, mais denso do que o resultante de uma farinha para bolos com baixo teor de proteínas e clorada.

Todos os agentes de branqueamento e de maturação (com a possível exceção do ácido ascórbico) foram proibidos.

A bromação da farinha nos EUA caiu em desuso e, embora ainda não seja proibida em lado nenhum, já poucas farinhas disponíveis para o padeiro doméstico são bromadas.

Muitas variedades de farinha embaladas especificamente para padarias comerciais ainda são bromadas. A farinha branqueada comercializada a retalho para o padeiro doméstico é agora tratada principalmente com peroxidação ou cloro gasoso. A informação atual da Pillsbury é que as suas variedades de farinha branqueada são tratadas tanto com peróxido de benzoílo como com cloro gasoso. A Gold Medal afirma que a sua farinha branqueada é tratada tanto com peróxido de benzoílo como com cloro gasoso, mas não há forma de saber qual o processo utilizado quando se compra a farinha na mercearia.

Alguns outros produtos químicos utilizados como agentes de tratamento da farinha para modificar a cor e as propriedades de cozedura incluem

- dióxido de cloro
- Peróxido de cálcio
- Azo-di-carbonamida ouazo-bis-formamida (sintética)
- O oxigénio atmosférico causasnaturalbranqueamento natural.

Farinha simples

A farinha que não tem fermento é designada por farinha simples ou de uso geral. É adequada para a maioria das bases de pão e pizza. Alguns biscoitos também são preparados com este tipo de farinha. A farinha para pão é rica em proteína de glúten, com 12,5-14% de proteína, em comparação com 10-12% de proteína na farinha para todos os fins. O aumento da proteína liga-se à farinha para reter o dióxido de carbono libertado pelo processo de fermentação da levedura, resultando num aumento mais forte.

Farinha com fermento

Os fermentos são utilizados com algumas variedades de farinha, especialmente as que têm um teor significativo de glúten, para produzir produtos de pastelaria mais leves e macios, através da incorporação de pequenas bolhas de gás. A farinha com fermento (ou auto-fermento) é vendida pré-misturada com fermentos químicos. Os ingredientes adicionados são distribuídos uniformemente por toda a farinha, o que contribui para um aumento consistente dos produtos cozinhados. Esta farinha é geralmente utilizada para preparar scones, biscoitos, muffins, etc. Foi inventada por Henry Jones e patenteada em 1845. A farinha simples pode ser utilizada para fazer um tipo de farinha com fermento, embora a farinha seja mais grossa. A farinha com fermento é normalmente composta pela seguinte proporção

- 1 chávena (125 g) de farinha
- 1 colher de chá (3 g) de fermento em pó
- uma pitada a ½ colher de chá (1 g ou menos) de sal

Farinha enriquecida

Durante o processo de fabrico da farinha perdem-se nutrientes. Alguns destes nutrientes são substituídos durante a refinação e o resultado é a "farinha enriquecida".

Conservantes comuns por vezes adicionados à farinha comercial

- Propanoato de cálcio
- Benzoato de sódio
- Fosfato tricálcico

Hidroxianisol butilado

Tipos de farinha

1. **Farinhas que contêm glúten**

Farinha de trigo

O trigo é o cereal mais comummente utilizado para fazer farinha. Algumas variedades podem ser designadas por "limpas" ou "brancas". As farinhas contêm níveis diferentes da proteína glúten. A "farinha forte" ou "farinha dura" tem um teor de glúten mais elevado do que a farinha "fraca" ou "mole". As farinhas "castanhas" e integrais podem ser feitas de trigo duro ou mole.

- A farinha Atta é uma farinha de trigo integral importante na cozinha indiana e paquistanesa, utilizada para uma série de pães como o roti e o chapati.
- A farinha de trigo mole (*T. aestivum*) é a mais utilizada na elaboração do pão. A farinha de trigo duro (*T. durum*) é a segunda mais utilizada.
- A farinha Maida é uma farinha de trigo finamente moída, utilizada no fabrico de uma grande variedade de pães indianos, como a paratha e o naan. A Maida é muito utilizada não só na cozinha indiana, mas também na cozinha da Ásia Central e do Sudeste Asiático. Embora seja por vezes referida como "farinha para todos os fins" pelos cozinheiros indianos, assemelha-se mais à farinha para bolos ou mesmo ao amido puro. Na Índia, a farinha maida é utilizada para fazer pastelaria e outros produtos de padaria, como pão, biscoitos e torradas.
- A farinha para noodles é uma mistura especial de farinha utilizada para a confeção de noodles de estilo asiático, feitos de trigo ou arroz.
- A sêmola é a sêmola grosseira e purificada do trigo duro, utilizada no fabrico de massas, cereais de pequeno-almoço, pudins e cuscuz.
- A espelta, um cereal antigo, é uma espécie hexaplóide de trigo. A massa de espelta precisa de ser menos amassada do que a massa de trigo comum ou de trigo duro. Em comparação com as farinhas de trigo duro, a farinha de espelta tem uma contagem de proteínas relativamente baixa (seis a nove por cento), apenas um pouco mais elevada do que a farinha de pastelaria. Isto significa que a farinha de espelta simples funciona bem na criação de massa para alimentos macios, como bolachas ou panquecas. As bolachas têm um bom resultado porque são feitas de uma massa que não precisa de crescer quando cozida.

Outras vaRiedades

A farinha de centeio é utilizada para cozer o pão de massa fermentada tradicional da Alemanha, Áustria,

Suíça, Rússia, República Checa, Polónia e Escandinávia. A maioria dos pães de centeio utiliza uma mistura de farinhas de centeio e de trigo, uma vez que o centeio não produz glúten suficiente. O pão Pumpernickel é geralmente feito exclusivamente de centeio e contém uma mistura de farinha de centeio e de farinha de centeio.

2. Farinhas sem glúten

Quando as farinhas sem glúten estão isentas de contaminação com glúten, são adequadas para pessoas com distúrbios relacionados com o glúten, como a doença celíaca, a sensibilidade ao glúten não celíaca ou as pessoas alérgicas ao trigo, entre outras. A contaminação com cereais que contêm glúten pode ocorrer durante a colheita, o transporte, a moagem, o armazenamento, a transformação, o manuseamento e/ou a cozedura dos grãos.

- A farinha de milho é feita a partir de bolotas moídas e pode ser utilizada como substituto da farinha de trigo.
- A farinha de amêndoa é feita a partir de amêndoas moídas.
- A farinha de amaranto é uma farinha produzida a partir do grão de amaranto moído. Era muito utilizada na cozinha meso-americana pré-colombiana e foi originalmente cultivada pelos Aztecas. Está a tornar-se cada vez mais disponível em lojas de especialidades alimentares.
- A farinha de banana é tradicionalmente feita de bananas verdes há milhares de anos e é atualmente popular como substituto sem glúten da farinha de trigo e como fonte de amido resistente.
- A farinha de feijão é uma farinha produzida a partir de feijões secos ou maduros pulverizados. A farinha de grão-de-bico e de fava é uma mistura de farinha com um elevado valor nutritivo e um sabor forte.
- A farinha de arroz integral é de grande importância na cozinha do Sudeste Asiático. É possível fazer papel de arroz comestível a partir desta farinha.
- A farinha de trigo sarraceno é utilizada como ingrediente em muitas panquecas nos Estados Unidos. No Japão, é utilizada para fazer uma massa popular chamada soba. Na Rússia, a farinha de trigo mourisco é adicionada à massa das panquecas chamadas *blinis*, que são frequentemente consumidas com caviar. Na Bretanha, a farinha de trigo mourisco é também utilizada para fazer crepes bretões. Nos dias de jejum hindu (Navaratri principalmente, também Maha Shivaratri), as pessoas comem alimentos feitos com farinha de trigo sarraceno. A preparação varia consoante a Índia. Os pratos mais famosos são o *kuttu ki puri* e *o kuttu* pakoras. Na maior parte dos Estados do Norte e do Oeste, o termo habitual é *kuttu ka atta*.
- A farinha de mandioca é produzida a partir da raiz da planta da mandioca. Numa forma purificada (amido puro), é designada por farinha de tapioca (ver lista abaixo).
- A farinha de castanha é muito apreciada na Córsega, no Périgord e na Lunigiana para a confeção de pães, bolos e massas. É o ingrediente original da polenta, que continua a ser utilizada na Córsega e noutros locais do Mediterrâneo. O pão de castanha conserva-se fresco durante duas semanas. Noutras regiões de Itália, é utilizado principalmente em sobremesas.
- A farinha de grão-de-bico (também conhecida como farinha de grama ou besan) é muito importante na cozinha indiana e em Itália, onde é utilizada na farinata da Ligúria.
- A farinha de coco é feita a partir da carne de coco moída e tem o teor de fibra mais elevado de todas as farinhas, com uma concentração muito baixa de hidratos de carbono digeríveis, sendo assim uma excelente escolha para quem procura restringir a ingestão de hidratos de carbono. Tem também um elevado teor de gordura, cerca de 60 por cento.
- A farinha de milho é popular no sul e sudoeste dos EUA, no México, na América Central e nas regiões do Punjab da Índia e do Paquistão, onde é chamada *makkai ka atta*. A farinha de milho integral grossa é normalmente designada por farinha de milho. A farinha de milho finamente moída que foi tratada com cal de

qualidade alimentar é chamada *masa harina* e é utilizada para fazer tortilhas e tamales na cozinha mexicana. A farinha de milho nunca deve ser confundida com o amido de milho, que é conhecido como "cornflour" em inglês britânico.

- A farinha de milho é muito semelhante à farinha de milho, exceto no que diz respeito a uma moagem mais grosseira.
- O amido de milho é o endosperma em pó do grão de milho.
- A farinha de arroz glutinoso ou farinha de arroz pegajosa é utilizada nas cozinhas do leste e sudeste asiático para confecionar tangyuan, etc.
- A farinha de cânhamo é produzida através da prensagem do óleo da semente de cânhamo e da moagem do resíduo. A semente de cânhamo tem aproximadamente 30% de óleo e 70% de resíduos. A farinha de cânhamo não cresce e é melhor misturada com outras farinhas. Adicionada a qualquer farinha em cerca de 15-20 por cento, dá uma textura esponjosa de noz e um sabor com uma tonalidade verde.
- A farinha de mesquite é feita a partir das vagens secas e moídas da árvore de mesquite, que cresce em toda a América do Norte em climas áridos. A farinha tem um sabor doce e ligeiramente a noz e pode ser utilizada numa grande variedade de aplicações.
- As farinhas de frutos secos são raladas a partir de frutos secos oleosos - mais frequentemente amêndoas e avelãs - e são utilizadas em vez ou em complemento da farinha de trigo para produzir pastelaria e bolos mais secos e saborosos. Os bolos feitos com farinhas de frutos secos são normalmente designados por tortas e a maioria tem origem na Europa Central, em países como a Hungria e a Áustria.
- A farinha de ervilha ou farinha de ervilha é uma farinha produzida a partir de ervilhas amarelas torradas e pulverizadas.
- A farinha de amendoim feita a partir de amendoins cozidos sem casca é uma alternativa rica em proteínas à farinha normal.
- A farinha de fécula de batata é obtida através da trituração dos tubérculos até à obtenção de uma pasta e da remoção das fibras e das proteínas por lavagem com água. A fécula de batata (farinha) é um pó de amido muito branco utilizado como agente espessante. A fécula de batata normal (nativa) precisa de ferver para engrossar em água, dando origem a um gel transparente. Uma vez que a farinha não é feita de cereais nem de leguminosas, é utilizada como substituto da farinha de trigo na cozinha dos judeus durante a Páscoa, quando os cereais não são consumidos.
- A farinha de batata, muitas vezes confundida com a fécula de batata, é um pó de batata descascada e cozinhada, constituído por puré, na sua maioria flocos de batata secos em tambor e triturados, utilizando a batata inteira e contendo assim as proteínas e algumas fibras da batata. Apresenta uma cor esbranquiçada ligeiramente amarelada. Estas batatas desidratadas, secas, também designadas por puré de batata instantâneo, podem igualmente apresentar-se sob a forma de grânulos ou de flocos. A farinha de batata é solúvel em água fria; no entanto, não é utilizada com frequência porque tende a ser pesada.
- A farinha de arroz é um grão de arroz moído. É muito utilizada nos países ocidentais, especialmente por pessoas que sofrem de perturbações relacionadas com o glúten. A farinha de arroz integral tem um valor nutricional mais elevado do que a farinha de arroz branco.
- A farinha de sorgo é feita a partir da moagem de grãos inteiros da planta do sorgo. Na Índia, chama-se *jowar*.
- A farinha de tapioca, produzida a partir da raiz da planta da mandioca, é utilizada para fazer pães, panquecas, pudim de tapioca, uma papa salgada chamada fufu em África, e é utilizada como amido.
- A farinha de teff é feita a partir do grão teff e tem uma importância considerável na África oriental (particularmente em torno do corno de África). Nomeadamente, é o principal ingrediente do pão injera, um

componente importante da cozinha etíope.

A farinha contém uma elevada proporção de amidos, que são um subconjunto de hidratos de carbono complexos, também conhecidos como polissacáridos. Os tipos de farinha utilizados na culinária incluem a farinha para todos os fins (conhecida como "plain" fora da América do Norte), a farinha com fermento (conhecida como "self-raising" fora da América do Norte) e a farinha para bolos, incluindo a farinha branqueada. Quanto mais elevado for o teor de proteínas, mais dura e forte é a farinha e mais produzirá pães estaladiços ou em borracha. Quanto mais baixo for o teor de proteínas, mais macia será a farinha, o que é melhor para bolos, biscoitos e crostas de tartes.

Produção

A moagem da farinha é efectuada através da moagem de grãos entre pedras ou rodas de aço. Atualmente, "moído com pedra" significa geralmente que o grão foi moído num moinho em que uma roda de pedra rotativa gira sobre uma roda de pedra estacionária, vertical ou horizontalmente, com o grão entre elas.

Moinho moderno

Os moinhos de rolos rapidamente substituíram os moinhos de pedra, uma vez que a produção de farinha tem historicamente impulsionado o desenvolvimento tecnológico, e as tentativas de tornar os moinhos de pedra mais produtivos e menos trabalhosos conduziram ao moinho de água e ao moinho de vento. Atualmente, estes termos são aplicados de forma mais ampla à utilização da água e da energia eólica para outros fins que não a moagem. Mais recentemente, o moinho Unifine, um moinho de impacto, foi desenvolvido em meados do século XX.

Parâmetro de qualidade da farinha

1. Cor da farinha

Uma forma muito simples de determinar as diferenças de cor em diferentes lotes de farinha é observar a cor de diferentes tipos de farinha sob uma folha de vidro. Isto pode ser feito com mais do que uma farinha de cada vez. Este método não só facilita a comparação da brancura das diferentes farinhas, como também permite a inspeção de impurezas. A farinha deve ser de "consistência perfeitamente regular e não conter quaisquer manchas". É evidente que isto não se aplica a misturas de cereais nem a farinhas que não sejam brancas. Existem vários métodos para a medição da cor, todos eles relacionados com a quantidade de luz reflectida ou absorvida.

2. Textura e tato

A textura e o tamanho da granulação desempenham um papel importante na amassadura e também determinam a velocidade a que a massa cresce. Em geral, a farinha para pão é ligeiramente grosseira e desfaz-se quando pressionada até formar um torrão. A farinha para pastelaria é suave e fina e pode ser espremida até formar um grumo. A farinha para bolos é lisa e fina, pode ser espremida até formar um grumo e mantém-se mais sólida quando pressionada.

3. Capacidade de absorção

A absorção mede a quantidade de água que pode ser absorvida por uma determinada quantidade de farinha. No fabrico de pão, é normalmente preferível ter uma farinha que possa absorver uma grande quantidade de água. As medições de absorção são efectuadas para determinar a quantidade de água que a massa pode absorver, o que, por sua vez, indica o rendimento da massa e o prazo de validade. A absorção óptima representa a quantidade máxima de água, como percentagem do peso da farinha, que produzirá um elevado rendimento de pão durante o processo de cozedura.

4. Proteína da farinha

Tradicionalmente, a proteína da farinha tem sido o principal parâmetro utilizado para avaliar a qualidade e a resistência da farinha. Atualmente, sabemos que nem todas as proteínas do trigo são criadas da mesma forma. A "proteína" do trigo ou albumina é composta por quatro tipos de proteínas: gliadina, glutenina, albumina e globulina. A gliadina e a glutenina constituem cerca de 85% da albumina e são os componentes que formam o glúten. A albumina e a globulina são solúveis em água e, portanto, não aumentam a força da farinha. A percentagem de proteína (albumina) diz-nos apenas a quantidade de proteína e é apenas uma pista sobre o verdadeiro carácter da farinha. Este valor não nos diz nada sobre o tipo ou a qualidade da proteína. O teste do farinógrafo dá-nos informações mais valiosas sobre a "qualidade" da proteína e, portanto, sobre o seu desempenho na padaria.

5. Humidade da farinha

O nível de humidade na farinha é importante principalmente para a questão do armazenamento. Quando o nível de humidade excede os 16%, o prazo de validade da farinha é muito reduzido. Geralmente, o teor de humidade é de 14-15%, o que, quando armazenado em condições adequadas (relativamente fresco, seco e arejado), permite um prazo de validade bastante longo. Existe uma correlação entre o teor de humidade e a absorção de água, mas esta pode ser contrariada por danos no amido.

6. Cinza de farinha

O teor de cinzas da farinha é determinado através da incineração de uma amostra de farinha. Os minerais naturalmente presentes na farinha não são queimados e permanecem como cinzas. O peso das cinzas é então comparado com o da amostra original. O teor de cinzas diz-nos algo sobre a extração da farinha. No endosperma do grão de trigo, o teor de minerais aumenta do centro para o exterior. A zona do endosperma mais próxima das camadas de aleurona e farelo é a que tem o teor mais elevado de minerais. Um maior teor de cinzas indica uma maior extração. A maioria das farinhas tem um teor de cinzas inferior a 0,6%, mas as farinhas patenteadas podem atingir 0,35%

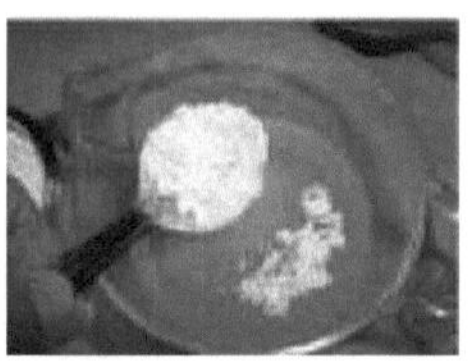

ESTRELA

Trata-se do principal polissacárido de reserva alimentar do reino vegetal, presente nos grãos de cereais, leguminosas, tubérculos, bolbos e frutos em quantidades variáveis, desde uma pequena percentagem até mais de 75% no caso de vários grãos. O amido constitui a principal fonte de energia na dieta do ser humano. Grande parte do amido é consumido sem ser isolado do material vegetal em que se encontra. O amido refinado, natural ou modificado, desempenha um papel importante na preparação dos alimentos.

A molécula de amido - estrutura

O amido é um polissacárido constituído por centenas ou, por vezes, milhares de moléculas de glucose formadas em conjunto. As moléculas de amido são de dois tipos, chamadas fracções.

1. Amilose
2. Amilopectina

A amilose é uma molécula de ligação de cadeia longa, por vezes designada por fração linear e é produzida pela ligação de 500-2000 moléculas de glucose

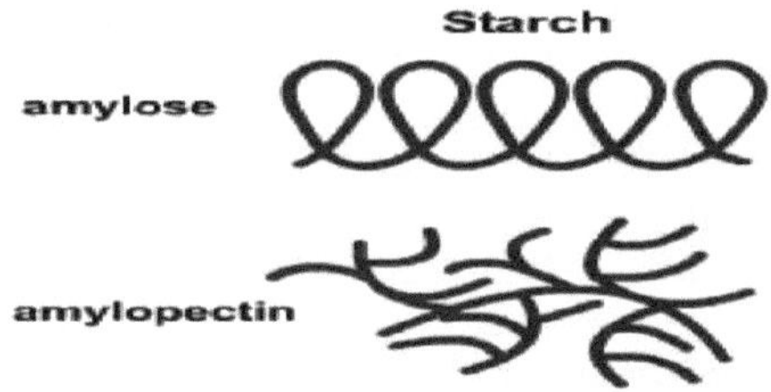

A estrutura química da amilopectina difere da da amilose pelo facto de ser um tipo de músculo muito ramificado e ocupado. No entanto, tanto na amilose como na amilopectina, a unidade básica de construção é a glucose. A amilopectina tem muitas cadeias curtas de unidades de glucose que se ramificam umas das outras, tal como os troncos e ramos das árvores. A amilopectina contribui com propriedades de coesão ou espessamento quando uma mistura de amido é cozinhada na presença de água, mas esta fração não produz gel.

A maioria dos amidos naturais é constituída por uma mistura de duas fracções. O amido de milho, trigo, arroz, batata e tapioca contém 24-16% de amilose, sendo o restante amilopectina.

Os grânulos de amido

Nas zonas de armazenamento das plantas, nomeadamente nas sementes e nas raízes, as moléculas de amido são depositadas sob a forma de unidades minúsculas e organizadas, designadas por grânulos. As moléculas de amilose e de amilopectina estão dispostas em camadas sucessivas, muito compactadas, em torno de um ponto central dos grânulos, designado por hilo. O tamanho e a forma dos grânulos são microscópicos. O amido de batata também é mostrado sob luz polarizada. Devido às áreas altamente orientadas e cristalinas nos grânulos de amido, o plano da luz polarizada é rodado para produzir a aparência de uma cruz. Este fenómeno é designado por birrefringência. A cruz desaparece quando a estrutura altamente organizada dos grânulos é quebrada durante a cozedura.

Gelatinização

A gelatinização é também conhecida como colagem. Os grãos de amido podem ser induzidos a inchar enormemente aquecendo-os em excesso de água. Esta colagem é normalmente designada por gelatinização, que é um processo irreversível.

Natureza da gelatinização

Quando a energia cinética das moléculas de água em contacto com os grãos de amido se torna suficientemente grande para superar a atração entre as moléculas de amido ligadas por hidrogénio no interior dos grânulos. As moléculas de água podem penetrar no grão de amido, primeiro nas zonas menos densas e, à medida que a temperatura aumenta, a área cristalina do grão aumenta

A absorção de água pelos grãos de amido começa a uma temperatura que varia consoante a origem do amido. À medida que isso ocorre, a suspensão leitosa torna-se menos opaca e mais translúcida e os grãos inchados perdem a sua birrefringência e iniciam o espessamento do líquido.

Mesmo quando os grãos perderam a sua birrefringência e incharam, o espessamento máximo é incompleto porque o aquecimento adicional da suspensão resulta num espessamento adicional. O pico de viscosidade de uma pasta cozida coincide com a libertação do exsudado e com a dobragem dos grãos de amido inchados. Os grãos são agora menos densos, pelo que permanecem suspensos no líquido e são ajudados pela presença do exsudado, que é considerado responsável pela maior parte do espessamento.

Amido natural e modificado

A biotecnologia tem um vasto leque de significados: para aqueles que estão envolvidos na preparação de amidos a partir de grãos, tubérculos e outras partes de plantas, a biotecnologia ainda se refere principalmente ao melhoramento sistemático e cuidadosamente controlado de plantas. Estamos no limiar da engenharia genética; o milho e o arroz foram ambos transformados e certos genes foram clonados. Antes, os biotecnólogos produzem plantas transgénicas, determinando a relação entre função e estrutura, de modo a que a planta geneticamente modificada forneça um amido com as funções necessárias. Este artigo descreve alguns dos trabalhos em curso nos centros de hidratos de carbono de todo o mundo, que orientarão os biotecnólogos para a obtenção de biopolímeros de hidratos de carbono perfeitos que funcionem de acordo com as necessidades.

O amido, um biopolímero composto exclusivamente por resíduos de glucose, serve como espessante, aglutinante, fonte de calorias, agente de volume e estabilizador para alimentos e para uma miríade de outras aplicações industriais. Desenvolve-se em grãos, tubérculos e outras partes da planta e é moldado pela ação de enzimas. Sendo um biopolímero natural, o amido é manipulado por meios químicos, biológicos e físicos após a sua formação, transformação ou processamento. No entanto, antes da formação do amido, a ação das enzimas forma uma estrutura de base que altera o produto produzido por estes processos posteriores. Ao alterar o material de base, pode ser produzida uma diversidade muito maior de produtos finais úteis. As enzimas que se desenvolvem na planta e moldam o polímero só recentemente começaram a ser caracterizadas e os mutantes do endosperma que produzem as enzimas alteradas estão atualmente a ser estudados.

Amidos ricos em amilopectina

A amilopectina é um nome comum utilizado para descrever configurações de cadeias ramificadas de monómeros de glucose que estão ligados nas ligações 1,6-glucosídicas, bem como através de ligações 1,4-. A amilopectina dá uma cor púrpura ou castanha avermelhada com o teste do iodo para determinar a presença de ramificações no amido. A amilose tem uma configuração de queixo reto, tem principalmente ligações 1,4 com poucas ramificações.

A amilopectina existe numa estrutura laminada em que as cadeias beta (ligadas às moléculas de amido pelas suas extremidades redutoras e ramificadas na posição 1,6 em alguns dos resíduos de D-gluco-piranose) estão "ensanduichadas" entre uma cadeia A (ligada às moléculas apenas por uma extremidade redutora) e uma cadeia C que suporta os grupos terminais redutores.

A estrutura da amilopectina incluiu a hidrólise do amido pela iso-milase (uma enzima de ramificação) e a medição do peso molecular das cadeias resultantes por cromatografia de permeação em gel para obter um perfil do comprimento das ramificações, amilopectina do milho ceroso, arroz ceroso e batata. Greenwood e Muir caracterizam também algumas das diferenças estruturais entre os amidos produzidos pela batata, tapioca, trigo, cevada, milho ceroso, ervilha de semente lisa e ervilha de semente enrugada.

As moléculas de amilopectina são representadas por domínios cristalinos e amorfos que não são independentes entre si nem homogéneos. O modelo das micelas com franjas descreve a relação entre as regiões cristalinas e amorfas, bem como as interligações entre as regiões. O movimento destas regiões num sistema amido - água foi descrito como uma função de áreas de não equilíbrio, que são afectadas pelo tempo, temperatura e teor de humidade (e possivelmente pressão). Assim, a identificação da estrutura das moléculas de amilopectina pode esclarecer esta mobilidade e o seu efeito no funcionamento da água do amido.

Milho ceroso - Grande diversidade de milho e discutiu o "milho ceroso chinês" como tendo um "endosperma ceroso" que distinguia este milho "de uma forma notável" de outras variedades de milho. O aparecimento do endosperma do chamado "milho ceroso" é a expressão fenotípica da mutação cerosa; a mutação produz pelo menos uma enzima de ramificação (designada por enzimas Q por Priss e Levi 1980) e parece catalisar a ramificação da amilose para formar um produto de amilopectina.

O amido de milho dito "ceroso" tem sido designado como amido exclusivamente de amilopectina e, de facto, amido "ceroso" tornou-se sinónimo de amilopectina. A amilopectina dos amidos duplos e triplos mutantes, das fracções de amilopectina do milho normal, das fracções de amilopectina dos amidos com elevado teor de amilose e de outros amidos ricos em amilopectina apresenta propriedades diferentes, aparentemente derivadas de uma série de estruturas ramificadas.

Um amido polimérico ramificado é formado pela produção de uma ou várias enzimas de ramificação durante a biossíntese do amido no grão de milho. O amido ceroso é amplamente utilizado em sistemas alimentares devido ao seu carácter translúcido e estabilidade moderada à congelação. No entanto, retrograda e desenvolve uma textura desagradavelmente escorregadia quando está presente humidade suficiente para promover essa alteração textural.

Os amidos cerosos são normalmente utilizados como base para amidos alimentares modificados, tais como amidos reticulados e hidroxipropilados. Deste modo, as modificações químicas podem evitar essas alterações texturais em sistemas de água elevada e moderada.

Amidos de milho mutantes múltiplos

As combinações de genes cerosos com outros mutantes do endosperma, tais como os mutantes "dull", "shrunken", "floury", "sugary" e mesmo "amylose extender", produzem amidos que são predominantemente amilopectina. Nalguns casos, pode parecer que existe uma certa quantidade de amilose quando o teor de amido é determinado com iodo. No entanto, pensa-se que isto é uma função das longas cadeias exteriores lineares de uma estrutura de amilopectina, e o espetro visível do complexo de iodo é diferente.

O amido ceroso opaco é praticamente todo constituído por amilopectina. A estrutura deste amido é, no entanto, consideravelmente diferente da do amido ceroso normal. O amido ceroso opaco tem um aspeto e funcionamento semelhantes aos de um amido ceroso ligeiramente reticulado. A estrutura da amilopectina tem possivelmente mais ramificações ligadas a 1,6, e as ramificações exteriores podem também ser secundariamente ramificadas.

O amido ceroso e baço é um biopolímero natural e é sensível ao cisalhamento excessivo ou ao ácido, mas numa mistura de amido e água a textura do gel cozinhado é agradavelmente curta. Ao ser mantido a cerca de 4°C, o produto amido-água continua a ganhar viscosidade, acabando por retrogradar para formar um tampão sólido e um soro aquoso. Em determinadas aplicações, o amido de cera baça pode funcionar como espessante e dar uma textura agradável. A grande estrutura de amilopectina do amido ceroso fosco permite uma elevada capacidade de retenção de água, em conjunto com outros polímeros alimentares, tornando-o especialmente útil em alimentos cozinhados.

Outros amidos de milho com duplo mutante apresentam estruturas diferentes, com diferentes padrões de ramificação e estruturas de diferentes tamanhos. Também são funcionais, mas como essas variantes estão apenas a começar a ser comercializadas, os relatórios sobre estes dados relativos a funções exactas podem ser algo prematuros.

Um amido duplamente mutante, o amido açucarado ceroso, foi introduzido em meados da década de 1980 por Wurtz Burg e Ferguson. O amido açucarado ceroso é um amido totalmente constituído por amilopectina, com uma boa estabilidade ao congelamento e descongelamento e uma boa capacidade de retenção de humidade. A sua estrutura não foi claramente elucidada na literatura. A textura é muito semelhante à do amido ceroso convencional, algo viscoelástica, e a solução cozinhada é límpida e translúcida. O amido farinhento ceroso é outro amido totalmente à base de amilopectina que parece ter uma cadeia exterior de unidades de glucose mais longa e menos ramificada do que o amido ceroso sem brilho, parecendo também retrogradar menos rapidamente. A sua pasta cozinhada é algo viscoelástica, límpida e estável durante algum tempo à temperatura de refrigeração.

O milho ceroso encolhido, fornece uma pasta de água de amido cozido excecionalmente clara. Tem uma viscosidade baixa, relativamente estável, e é menos viscoelástico do que o waxy maize tradicional.

Existe um potencial para muitos outros mutantes duplos e triplos ricos em amilopectina, com a possibilidade de uma vasta gama de estrutura e função. Atualmente, os produtos mencionados estão a aproximar-se da distribuição comercial nos próximos anos.

Amidos enriquecidos com amilose

A natureza linear destes amidos foi confirmada por difração de raios X e descrita para as diferentes formas de estrutura cristalina.

A amilose é um componente natural do amido comum do milho, da batata, do trigo e de outros amidos, em quantidades que variam entre 20% e 30% do amido total. Partiu-se do princípio de que a amilose é a fração que retrograda. Trabalhos mais recentes puseram em causa a afirmação estrita de que a amilose e a amilopectina têm funções distintas. A amilose, de acordo com a mitologia atual, requer temperaturas e pressões de cozedura elevadas para inchar os grânulos de amido. Uma melhor forma de determinar o comportamento da amilose dos amidos é determinar a força do gel, as caraterísticas da película ou os factores de retrogradação e, possivelmente, os pesos moleculares de determinados compostos de amilose.

A diferenciação entre amilose e amilopectina tornou-se muito mais difícil com o progresso da atual análise do amido . Os cientistas franceses referiram que a amilose não era um polímero totalmente não ramificado. A amilose de cadeia curta está presente em muitos grânulos de amido e a distinção entre as cadeias exteriores longas de certas fracções de amilopectina e a amilose de cadeia mais curta está a tornar-se pouco clara. Tal como acontece com a amilopectina, algumas caracterizações no futuro necessitarão de um meio de definição mais preciso para descrever o número de ramificações, a distância entre as ramificações e o comprimento total das porções lineares.

Amido com amilose reforçada

Amidos de variedades de milho duplamente mutantes que parecem conter mais ou igual a 50% de amilose aparente, mas que podem ser processados à pressão ambiente, esta combinação de mutantes comporta-se de forma tão diferente dos que produzem amilose elevada disponível no mercado. Atualmente, os amidos não são claramente compreendidos, mas pode colocar-se a hipótese de que a combinação do extensor de amilose e do amortecedor pode produzir uma amilopectina mais frouxamente ramificada que pode inchar mais facilmente. Foram relatadas diferenças na quantidade de amilose aparente e no comportamento do amido, dependendo dos efeitos de fundo. Outros mutantes múltiplos estão atualmente a ser estudados em vários fundos depois de terem sido cultivadas quantidades comerciais. O efeito do fundo do milho, do padrão climático e dos tipos de solo ainda não é claramente compreendido, mas é definitivamente importante para o funcionamento do amido. As conclusões dos cientistas que trabalham com híbridos modernos estão em contradição com os trabalhos sobre os próprios mutantes.

Os amidos com elevado teor de amilose são utilizados numa grande variedade de produtos, especialmente amido, geleia, rebuçados, revestimentos e em certas massas alimentícias, devido à elevada temperatura necessária para solubilizar o amido, o que parece ser uma boa razão para estudar os calos duplamente mutantes, a fim de desenvolver amidos com elevado teor de amilose que possam ser utilizados sem temperaturas e pressões elevadas.

Amido de arroz

O amido e as farinhas de arroz têm sido utilizados na alimentação devido ao seu sabor suave, à sua estabilidade no processamento e ao seu estatuto de amido digerível para as crianças. No entanto, é difícil identificar em que medida estas caraterísticas existem num determinado produto de amido. As variedades de arroz sofreram grandes alterações ao longo dos anos. Desde a "revolução verde", as dosagens de genes cerosos no endosperma do arroz resultam em rácios variáveis de amilopectina e amilose, desde 0% de amilose até cerca de 27-18%. O gene de baixa amilose afecta de forma semelhante o arroz de amilose mais elevada.

A amilopectina parece contribuir para a viscosidade e a consistência da pasta de amido de arroz. Foi comunicada uma estabilidade superior do amido de arroz ceroso no processo de congelação-descongelação, com diferenças de estabilidade variadas. O comprimento das cadeias das fracções de arroz situa-se entre 23 e 25 unidades de glucose.

Amidos de cevada e de trigo

Os amidos de cevada revestem-se de particular interesse porque, tal como o milho e a ervilha de sementes enrugadas, a cevada tem uma variedade de amilose elevada. As cadeias externas das fracções de amilopectina são diferentes, bem como 18,5 e 15,5 unidades de glucose, respetivamente. A cevada ondulada e vários híbridos, bem como as suas caraterísticas, foram bastante bem estudados. Verifica-se que o gene da cera, por si só, não confere sempre exatamente as mesmas caraterísticas. A diversidade do tipo de cevada foi relatada em 1986, com a sugestão de que as manipulações genéticas poderiam produzir amidos com caraterísticas específicas necessárias. Até à data, o amido de cevada não foi objeto de tantos trabalhos como o do milho, presumivelmente devido à diferença de produção do milho em relação à cevada.

Tapioca e fécula de batata

A tapioca é o produto de amido transformado derivado das raízes de mandioca, enquanto a fécula de batata é derivada dos tubérculos de batata. Estas féculas apresentam algumas diferenças em relação às féculas derivadas de cereais: a estrutura da raiz/tubérculo deve ser completamente desintegrada antes de se poder obter a fécula. Os grânulos de fécula de batata começam a inchar na extremidade proximal dos grânulos, enquanto a tapioca incha inicialmente a partir da extremidade distal. Ambos os grânulos têm uma forma semelhante, embora sejam diferentes em termos de tamanho. O tamanho dos grânulos de fécula de batata é relatado por Gracza como 40μm em comparação com 15μm para o milho ceroso e 25μm para o amido de milho com alto teor de amilose. Os grânulos de tapioca têm um tamanho próximo do do waxy maize, cerca de 12-15μm.

A fécula de tapioca tem uma textura agradável e relativamente curta sob a forma de gel, inicialmente ganhando rapidamente viscosidade, perdendo depois uma parte da estrutura ao ser mantida. A retenção de água é moderada. A fécula é rapidamente degradada por enzimas, incluindo a ptylin. A sua clareza e o seu perfil de sabor limpo, quando corretamente preparados, tornaram a tapioca uma das preferidas para alimentos de sabor suave. É muitas vezes ligeiramente reticulada e modificada em éter e ésteres para uma maior estabilidade ao cisalhamento e ao calor ácido.

A forma e a conformação dos grânulos de fécula de batata permitem uma viscosidade inicial muito elevada. Quando preparados na forma de amido nativo, os grânulos rebentam a uma temperatura relativamente baixa. No entanto, a viscosidade diminui rapidamente, formando uma solução visco-elástica fina quando o aquecimento é continuado.

Dada a popularidade das féculas de tapioca e de batata, parece que ambas seriam candidatas ao estudo da engenharia genética para melhorar ainda mais as caraterísticas técnicas das féculas.

No entanto, à espera de alguns trabalhos de batata transgénica que resultaram na inserção de um gene para a produção de tubérculos da hormona de crescimento humana, pouco é referido na literatura. No entanto, há indicações de que, pelo menos, alguns trabalhos de engenharia genética sobre a fécula de batata poderiam ser muito mais úteis.

A fécula de tapioca não tem sido um candidato fácil para a engenharia genética ou mesmo para o melhoramento seletivo e, até à data, há poucos dados na literatura que indiquem um grande interesse.

Futuro da biotecnologia na produção de amido

A biotecnologia nos produtos alimentares abrange muitas vias para novos alimentos e ingredientes melhorados ou alterados. Na produção de amido, a utilização da reprodução selectiva é antiga, mas os produtos provenientes de plantas de reprodução selectiva estão a dar novas voltas. Verificou-se uma grande mudança, uma vez que os métodos para caraterizar os amidos estão relativamente estabelecidos e são suficientemente simples para serem executados por rotina. Existem bibliotecas de mutantes de milho, cevada e arroz disponíveis em universidades ou empresas biotecnológicas e é possível isolar amidos e detetar alterações estruturais com relativa facilidade.

Para além da preferência dos consumidores, há uma outra razão, especialmente numa população tão inconstante, e a possibilidade de uma maior pressão regulamentar. A economia simples torna atrativo o cultivo de amidos "naturalmente modificados" ou "geneticamente modificados". A reação química que produz o amido alimentar modificado utiliza grandes quantidades de água, tem um custo energético elevado e implica limitações de tempo; a utilização de menos ou nenhuma modificação química parece justificar-se do ponto de vista económico. As poupanças de custos são muito diferentes, dependendo da instalação de fabrico específica para lidar com pequenas séries de produtos específicos.

Por último, a consideração da variedade - os grãos conservados não fazem atualmente parte das operações de muitas empresas. No entanto, as mudanças que se avizinham na agricultura em geral, bem como as mudanças noutras culturas, tornarão estes problemas um pouco menores em comparação com a Agência de Proteção do Ambiente A consideração, o manuseamento, a identificação e a conservação de grãos podem ser menos difíceis do que no passado.

O milho foi transformado por mais do que um meio e, por volta do ano 2000, será provavelmente possível "construir" amidos de milho com padrões de ramificação específicos. O arroz já foi transformado e a sua estrutura de amido estará provavelmente disponível para ser personalizada em breve. Embora a posição regulamentar sobre as plantas transgénicas não seja clara, desta vez, haverá pressão para clarificar os tipos de informação necessários para qualquer tipo de autorização, uma vez que podem ser adicionados bioquimicamente grupos bioactivos adicionais às estruturas de amido, podem ser desenvolvidas funções adicionais nos grânulos de amido. Só podemos adivinhar o aspeto que estas estruturas terão. Os principais limites são os da nossa capacidade de descrever estruturas úteis e da nossa imaginação.

Utilizações alimentares de amidos derivados de técnicas biológicas

Há vários anos que os alimentos são produzidos utilizando amidos nativos e derivados quimicamente. Há uma série de razões pelas quais algumas mudanças podem ser necessárias e porque a biotecnologia, nas suas várias formas, pode ser especialmente útil:

1. Os processos mudaram nos últimos anos e continuam a mudar. A utilização de radiação de micro-ondas em casa e na fábrica alterou o perfil de aquecimento dos alimentos e colocou uma carga adicional na estrutura do amido. A estrutura do amido com maiores propriedades de retenção de água é especialmente útil em produtos cozinhados que serão reconstituídos em fornos de micro-ondas. Os revestimentos que formam boas películas a temperaturas relativamente baixas ajudam a proporcionar crocância quando os produtos são aquecidos no micro-ondas.
2. Os produtos alimentares individuais são sujeitos a mais combinações de processos, tais como congelação, micro-ondas, cisalhamento, manuseamento assético e refrigeração, aquecimento a longo prazo, entre outros. Assim, um amido que seja estável ao calor, à retorta, ao congelamento ou ao cisalhamento não é suficiente. Um amido pode precisar de ter todos estes atributos e mais.
3. Os actuais limites legais para as modificações químicas podem não ser suficientemente elevados para permitir os elevados níveis de estabilidade necessários a estes amidos. Os limites químicos mais elevados podem não ser adequados à luz das actuais iniciativas para reduzir a utilização de produtos químicos.
4. A preocupação dos consumidores com os aditivos alimentares pode fazer com que seja preferível uma utilização reduzida de produtos químicos ou produtos isentos de produtos químicos, uma vez que, como já foi referido, os produtos podem ser fabricados com um custo químico mais baixo. Quando as modificações são produzidas nas instalações de cultivo em vez de nas instalações de transformação.
5. A utilização da energia e da água necessárias para a produção de amidos fortemente modificados pode revelar-se demasiado dispendiosa no futuro. Atualmente, as instalações de tratamento de água estão sobrecarregadas e os custos energéticos são elevados.

Estas razões, além de outras, podem exigir uma maior diversidade de fontes vegetais de amidos e estabilizar a linha entre amidos e outros. Os hidrocolóides à base de hidratos de carbono podem esbater-se à medida que estes novos produtos entram no mercado, pelo menos os amidos geneticamente diversos oferecem uma funcionalidade nova e diferente e uma base para modificações químicas e enzimáticas que não estão atualmente disponíveis.

Amidos e gomas vegetais

Estes são mais opacos e mais translúcidos e os grãos inchados perdem a sua birrefringência e iniciam o espessamento do líquido. Os grãos de amido gelatinizados podem ser secos, mas não voltam às suas condições originais. Os grãos secos pastados mantêm a capacidade de reabsorver grandes quantidades de água. A caraterística do amido pastoso (referido como pré-gelatinizado) é utilizada para fazer alimentos de conveniência ricos em amido, como arroz instantâneo, puré de batata instantâneo e pudins instantâneos.

Efeito da temperatura

Todos os grãos de amido de uma mesma fonte vegetal não são colados à mesma temperatura. O grão maior tende a inchar a uma temperatura mais baixa. A amplitude da temperatura de gelatinização varia consoante os amidos. O aumento da viscosidade à medida que uma suspensão de grãos de amido em água é aquecida é uma forma conveniente de avaliar o progresso da colagem.

Efeitos dos ingredientes

A gelatinização está completa na maior parte dos amidos a uma temperatura não superior a 95^0 C (203^0 F). De um ponto de vista prático, quando o amido de milho, trigo e arroz é aquecido até ao ponto de ebulição, a pasta está completa. A gelatinização está completa em amidos de raízes como a batata e a tapioca a uma temperatura mais baixa. Na tapioca, o processo é quase em lume brando, ou seja, em lume brando a 85 °C (185 °F) e, como consequência, a fécula é por vezes demasiado cozinhada. A presença de tensioactivos como o monoglicerídeo atrasa a colagem.

Os grãos de fécula de batata e de tapioca cozidos são elásticos e deformam-se facilmente. Este facto confere à pasta cozida uma coesão e uma consistência que não se observam nas pastas espessadas com amido de trigo ou de milho. Quando os grãos de fécula estiverem completamente colados, deve evitar-se o cisalhamento desnecessário. As manipulações efectuadas nesta fase quebram os grânulos inchados em fragmentos mais pequenos e, consequentemente, as pastas.

Inchaço ou nódulos desiguais

Quando o amido é utilizado como agente espessante, pretende-se obter um líquido uniformemente espesso e sem grumos. Em primeiro lugar, os grãos de amido devem ser separados antes de serem aquecidos no líquido. Isto pode ser conseguido suspendendo-os numa pequena quantidade de líquido arrefecido. Isto é facilitado pelo facto de os grãos de amido terem uma carga negativa e, por isso, se repelirem uns aos outros na água. Quando se utiliza farinha convencional como fonte de amido, a separação é mais difícil.

Em alternativa, os grãos de amido ou as partículas de farinha podem ser separados com grãos de açúcar com uma camada de gordura, derretida ou plástica, esta última por vezes referida como roux. A separação dos grãos de amido é apenas o primeiro passo para obter uma pasta espessa de amido lisa, sendo igualmente importante que cada grão de amido inche independentemente de qualquer outro grão. O aquecimento deve ser lento para que a suspensão possa ser agitada com rapidez suficiente para manter os grãos de amido suspensos e a temperatura uniforme. Desta forma, nenhum grão absorve mais do que a sua quota-parte de água, nem menos. Caso contrário, os grãos incharão de forma desigual e alguns aderirão, resultando em grumos.

O sabor do amido gelatinizado é melhorado se a pasta for cozinhada durante mais cinco minutos diretamente na unidade quente. As pastas cozinhadas diretamente na unidade têm de ser mexidas ocasionalmente; as pastas cozinhadas sobre água a ferver devem ser tapadas para evitar a evaporação e a formação de gel.

Solidificação ou gelificação de uma pasta de amido cozido

Algumas das moléculas de amido, principalmente a amilose, que são dispersáveis em água quente, escapam dos grânulos inchados para os líquidos circundantes. Assim, uma pasta de amido cozido consiste em grânulos inchados suspensos em água quente, nos quais as moléculas dispersas são de amilose. A capacidade dos grãos de amido para engrossar uma pasta quente, como um molho, é uma coisa, mas a capacidade da pasta cozida e arrefecida para endurecer de modo a manter a sua forma quando desenformada, como em pudins e recheios de tartes, é outra.

Retrogradação da amilose

As moléculas de amilose que se desprenderam do grão colado permanecem dispersas no líquido da pasta cozinhada enquanto esta se mantiver quente. A pasta quente mantém a sua capacidade de fluir, ou seja, é viscosa mas não rígida. Quando a pasta arrefece, a energia cinética já não é suficientemente grande para contrariar a tendência acentuada das moléculas de amilose para se voltarem a associar. As moléculas de amilose ligam-se umas às outras e às moléculas de amido no bordo exterior dos grânulos, unindo assim os grãos de amido inchados numa rede. Isto acontece desde que os grãos inchados estejam relativamente próximos uns dos outros e que um número suficiente de moléculas de amilose tenha escapado dos grânulos. A recristalização do amido gelatinizado é conhecida como reterogradação. Nem todas as misturas de amido cozido e espessado apresentam este fenómeno. A viscosidade do amido aumentou com a descida da temperatura. Este aumento abrupto é atribuído à estrutura do gel formado pela amilose em retrogradação. Os amidos cerosos não fixam ou gelificam um líquido, apenas os grãos de amido que contêm amilose são agentes eficazes para fixar um líquido imobilizante.

Deposição de água em Gel

Parte da água ainda fora dos grânulos inchados numa pasta de amido cozinhada e arrefecida está ligada firmemente às moléculas de amido na superfície dos grãos inchados e às moléculas de amilose que ligam os grãos inchados. Parte da água restante está ligada à primeira camada de água firmemente ligada. A maior parte da água da pasta cozinhada está livre, retida nos espaços formados pela rede dos grãos de amido inchados e da amilose de precipitação. Quando um gel é cortado ou mesmo quando envelhece, uma parte do líquido escorre dos interstícios. Esta fuga de líquido de um gel é conhecida como "sinergias". Nos recheios de tartes moles, o gel não deve ser demasiado rígido. O recheio não deve escorrer, mas o gel deve ser suficientemente fraco para que o recheio fique saliente quando se tira um pedaço de tarte.

O quadro estrutural responsável pela fixação da pasta de amido cozido à medida que arrefece pode ser demonstrado congelando uma porção da pasta e deixando-a descongelar. Quando uma pasta de amido cozido congela, a água ligada ao amido e à rede transforma-se em cristais de gelo. A estrutura de amido permanece intacta. Quando o cristal de gelo derrete, a água recupera a sua fluidez, mas é incapaz de se voltar a associar ao amido como acontecia antes da congelação. A água pode agora ser espremida dos grãos de amido - esponja de amilose e a esponja pode reabsorver a água quando a pressão é libertada. A estrutura da esponja de amido é bastante frágil e a esponja deve ser manuseada com cuidado.

Perda de transparência

A maioria das pastas de amido cozinhadas perde alguma da sua translucidez ao arrefecer, devido à precipitação e cristalização da amilose. As excepções são a tapioca e o amido de milho ceroso, em que a pasta quente engrossa, mas a pasta fria não se transforma em gel. Este facto deve-se à ausência de moléculas de amilose nestes amidos. A opacidade aumenta à medida que uma pasta cozinhada feita com amido não ceroso arrefece e a amilose retrograda a sua translucidez

AÇÚCARES

Os hidratos de carbono incluem os açúcares, os amidos e as fibras. Constituem uma grande parte dos alimentos como o arroz, a massa, o pão e outros produtos à base de cereais. Os hidratos de carbono podem ser classificados quimicamente como monossacarídeos, dissacarídeos ou polissacarídeos, dependendo do número de unidades monoméricas (sacarídeos ou açúcares) que contêm. A distinção entre "complexos" e "simples" não permite prever o valor nutricional ou o impacto dos hidratos de carbono. O índice glicémico é a melhor forma de determinar o efeito que determinados alimentos podem ter sobre o açúcar no sangue e, em última análise, sobre a saúde em geral.

Os açúcares são os mais simples de todos os alimentos orgânicos; são os blocos de construção de amidos e celuloses altamente complexos, formados no tecido vegetal pelo processo chamado fotossíntese. A fotossíntese é o processo em que o dióxido de carbono da atmosfera e a água do solo são convertidos em glucose ($C_6H_{12}O_6$). Este processo é altamente complexo e requer a ajuda da luz.

Pode observar-se que seis moléculas de dióxido de carbono se combinam com as seis moléculas de água para produzir uma molécula de glucose. A energia é fornecida pela luz solar e seis moléculas de oxigénio são libertadas como subproduto.

MONOSSACARIDA

Estes são os açúcares simples; incluem a glucose (dextrose), a frutose (laevulose) e a galactose. A galactose é também muito abundante nos frutos e nos xaropes e a terceira é uma parte do açúcar do leite, a lactose. Os açúcares monossacáridos não podem ser decompostos em açúcares menos simples, mas podem ser transformados.

A glucose é a unidade básica sobre a qual se constroem os hidratos de carbono superiores. A glucose é menos solúvel em água e cristaliza-se mais facilmente do que a frutose. A glicose sob a forma de xarope ou de açúcares cristalizados é obtida por ação inversa da formação de amido a partir de moléculas de glicose. Isto é conseguido através de um processo comercial que envolve a hidrólise do amido (geralmente amido de milho ou amido de batata) com um ácido. No entanto, a decomposição do amido em açúcares simples é incompleta e o produto formado não é glicose pura, mas sim uma mistura de glicose, dextrina e maltose (forma superior de hidrato de carbono). Estes xaropes são designados por xarope de milho. A glucose refinada é um produto branco cristalino que é menos doce do que a sacarose, o açúcar mais frequentemente utilizado na culinária ou normalmente designado por açúcar de mesa.

A frutose é o açúcar que dá sabor a muitos frutos, pois é nestes alimentos que se encontra em maior quantidade, daí o seu nome. Encontra-se no mel de boa qualidade. A frutose não se cristaliza facilmente como a glucose porque é mais solúvel do que esta última. Não é produzida a partir do amido, mas de certos tubérculos que contêm um hidrato de carbono amiláceo.

A galactose é o terceiro monossacárido que se encontra no leite em boa quantidade e não em qualquer outro alimento.

DIASACCHARIDE

O dissacárido mais importante é, de longe, a sacarose, mas a maltose e a lactose também se apresentam sob a forma de dissacáridos.

A sacarose ocorre naturalmente em muitas plantas e encontra-se numa forma concentrada na cana-de-açúcar e na beterraba sacarina, ambas utilizadas para a produção de açúcares. A seiva do ácer é também uma fonte rica em sacarose porque este dissacárido cristaliza facilmente; pode ser separado por este processo dos sumos das plantas ou da seiva da árvore. Outro nome utilizado para este açúcar é o açúcar de

$$C_6H_{12}O_6 + C_6H_{12}O_6 \longrightarrow C_{12}H_{22}O_{11} + H_20$$

cana, mas os açúcares e os açúcares granulados são mais populares. Quimicamente, é constituído por uma molécula de glucose e uma molécula de frutose, sem uma molécula de água.

Apenas a cana-de-açúcar e a beterraba sacarina são utilizadas para o fabrico de açúcares granulados.

A maltose é um dissacárido constituído por duas moléculas de glucose com a remoção de uma molécula de água. Este açúcar encontra-se principalmente no extrato de malte e está presente em pequena quantidade na glucose comercial. O xarope de malte é utilizado na panificação para fornecer a substância nutritiva que pode promover o crescimento da levedura na massa.

A lactose é conhecida como açúcar do leite; é o terceiro dissacárido e é composta por uma molécula de glucose e uma molécula de galactose. Este açúcar não é cristalizado ou utilizado comercialmente. A ação das bactérias lácticas ou da lactose resulta na produção de ácido lático. Esta ação é importante para a produção de leitelho.

FORMAS DE AÇÚCARES

O açúcar e os xaropes de açúcar estão disponíveis numa variedade de formas, algumas das quais podem ter importância comercial. Uma descrição destas propriedades ajudará a clarificar a razão pela qual são utilizados na produção de certos géneros alimentícios.

1. Açúcar granulado - O açúcar granulado é, de longe, o produto de açúcar mais importante no mercado. A cana-de-açúcar é, por vezes, a principal fonte deste açúcar, mas atualmente a beterraba sacarina também é utilizada no seu fabrico. O açúcar de beterraba e a cana-de-açúcar identificam-se na sua estrutura química. O fabrico de açúcar granulado a partir da cana-de-açúcar é uma indústria de grande importância económica na zona do mundo onde a cana-de-açúcar cresce. A planta é bastante fibrosa e contém cerca de 16% a 20% de sacarose. Os caules da cana-de-açúcar são esmagados e o seu sumo é extraído. Este sumo é clarificado, evaporado e cristalizado. O açúcar bruto é então refinado até atingir 99,9% de pureza.

Para extrair os açúcares da beterraba, as beterrabas lavadas são cortadas em tiras finas e as suas substâncias solúveis são extraídas com água quente. O licor é coado das beterrabas e tratado com produtos químicos. O xarope transparente obtido dá origem a cristais brancos que são manuseados de forma muito semelhante aos obtidos a partir da cana-de-açúcar. Os açúcares granulados são vendidos a retalho como finos, os mais vulgarmente vendidos, ou como ultrafinos para utilização no fabrico de bolos para bebidas instantâneas.

2. **Açúcar em pó -** É obtido a partir dos açúcares granulados através do processo de pulverização. Pode ser adicionado um agente anti-carbónico, normalmente fosfato tricálcico. O açúcar em pó está disponível em vários graus de finura, designados pelo número de "x" a seguir ao nome. São eles o ultrafino, o muito fino (6x), o fino (4x), o médio e o grosso de confeiteiro (3x), que é o açúcar em pó mais utilizado para coberturas não cozinhadas e para polvilhar produtos cozinhados.

3. **Açúcar bruto -** É o produto bruto que vem das fábricas de açúcar antes de ser refinado. Tem aproximadamente 96% de pureza. A Food and Drug Administration proibiu a sua venda ao consumidor devido a contaminantes como fibras, leveduras, solos, bolores e ceras.

4. **Açúcar Turbinado -** É o tipo de açúcar vendido na maioria das lojas de produtos naturais. É um açúcar bruto que foi separado numa centrifugadora e lavado com água corrente. Perde parte do seu melaço para se tornar 99% puro. A medição deste açúcar é difícil devido à variação do teor de humidade.

5. **Açúcar mascavado -** É composto por cristais de açúcares suspensos em xaropes de melaço aromatizados e corados. Os xaropes de melaço podem ser adicionados ao açúcar branco refinado ou podem ser cozidos sob vácuo com o xarope e centrifugados. O açúcar refinado tem quatro qualidades: 6, 8, 10 e 13. Quanto mais refinado for, mais clara é a cor e mais baixo é o grau. Os graus mais elevados e mais escuros são mais saborosos e adequados para cozinhar alimentos com sabores fortes, como pão de gengibre, carne picada, feijão de padaria e pudim de ameixa. O número 13 é normalmente vendido a retalho como açúcar

castanho escuro para uso doméstico. Um castanho mais claro tem menos sabor e é utilizado principalmente para cozer e fazer glacê de fiambre de caramelo.

Quando se deixa o açúcar mascavado secar, este endurece e forma grumos. O açúcar endurecido pode ser amolecido se for colocado num recipiente hermético à prova de ferrugem e se for colocada uma toalha de papel húmida sobre um pedaço de película aderente ou de papel de alumínio.

Em 8-12 horas, o açúcar amolecerá. Um método mais rápido é aquecê-lo brevemente num forno a 250-300 graus Fahrenheit. No entanto, endurecerá novamente assim que arrefecer. Atualmente, existe no mercado um açúcar mascavado de fluxo livre. Apresenta-se sob a forma de pequenos grânulos constituídos por pequenos cristais de açúcar. As receitas têm de ser ajustadas porque o açúcar mascavado de fluxo livre pesa menos, chávena a chávena, do que o açúcar mascavado convencional.

6. **Açúcar invertido** - Forma-se quando o açúcar é aquecido na presença de um ácido ou de uma enzima *invertase*. A molécula de açúcar perde uma molécula de água e forma dextrose (D-glucose) e laevulose (D-frutose). Esta mistura de dextrose e laevulose em igual quantidade é designada por açúcar inerte.

Sacarose+água+ácido invertase --------------------------------------- ► dextrose+frutose

Os açúcares invertidos são desejáveis em produtos de pastelaria e em doces, uma vez que resistem à cristalização no interior de uma cereja coberta de chocolates, transformando-se em líquido à medida que o açúcar (ao qual foi adicionada *invertase*) se transforma lentamente em açúcar invertido.

SIRUPS

Tal como os açúcares, os xaropes são utilizados como edulcorantes em alguns produtos alimentares. De facto, são líquidos que contêm uma grande quantidade de açúcares, mas são mais caros do que os açúcares devido ao seu volume e ao custo da sua distribuição. Os xaropes têm sabores invulgares que os tornam um complemento útil para outros alimentos. Geralmente, o xarope contém uma mistura de açúcares. Os xaropes mais utilizados são os seguintes

1. **Melaço** - É um subproduto do fabrico de açúcares a partir da cana-de-açúcar. À medida que o açúcar passa pelas etapas de cristalização e refinamento, a partir da primeira cristalização tem alto teor de sacarose. Os obtidos na segunda e terceira cristalização têm menos sacarose e maior quantidade de açúcar invertido e minerais. O processo final de purificação do açúcar produz o melaço de cana preta. É necessária alguma mistura de diferentes graus para produzir melaço comercial uniforme em cor, sabor e corpo.

O xarope de açúcar de cana é semelhante ao melaço, mas não é um subproduto. Tem uma elevada concentração de açúcar e uma cor castanha clara.

2. **Xarope de ácer** - É obtido a partir da seiva de certas variedades de árvores de ácer. A sacarose é o açúcar que se encontra na seiva e o xarope de ácer comercial tem um teor de açúcar de 64% a 68%. O açúcar de ácer é concentrado a 93% de sólidos. O sabor caraterístico do xarope de ácer é derivado do óleo volátil da seiva. Tem de ser fervido para obter o seu sabor excecional.

3. **Xarope de milho** - É utilizado principalmente para aromatizar outros produtos alimentares. É preparado através do aquecimento do amido num ácido diluído para provocar a sua conversão em produtos como a dextrose, a maltose e a glucose, dependendo do tempo de exposição do amido ao ácido. O xarope de milho é muito utilizado na pastelaria pelas suas propriedades adoçantes e pela sua elevada capacidade de retenção de humidade quando utilizado em produtos como o açúcar em pó ou os doces, o xarope de milho impede a cristalização de outros produtos.

4. **Mel** - É utilizado como adoçante para outros produtos alimentares. O seu estado líquido deve-se à presença de açúcar invertido. É produzido pela cerveja a partir do néctar das flores e é armazenado para utilização futura numa estrutura semelhante a uma célula, conhecida como favo de mel. Para fins comerciais, o mel é classificado de acordo com a sua origem floral. Assim, estes produtos são conhecidos como mel de flor de laranjeira e mel de flor de trevo, pois estão relacionados com o seu sabor suave e agradável. O mel de trigo mourisco, que provém da flor do trigo mourisco, é escuro e tem um sabor forte. Antes de ser colocado no mercado, o mel deve estar livre de todas as partículas estranhas, incluindo pó e sujidade. Para o efeito, o mel é geralmente aquecido a cerca de 140 graus Fahrenheit e mantido a essa temperatura durante cerca de 30 minutos para destruir os microrganismos que podem causar deterioração

por fermentação. Os xaropes aquecidos são depois cuidadosamente coados.

Uma vez que o mel tem um sabor muito delicado, qualquer sabor forte diminuirá a sua palatabilidade.

Uma das formas de mel é o mel em favo. Esta forma é a mais cara e, por conseguinte, não é facilmente transportada. O mel extraído é considerado a forma mais económica. O favo é cortado e raspado numa lâmina, libertando o mel das células individuais. O mel coado, uma terceira forma, é produzido através do esmagamento do favo e da extração do mel.

A composição do mel varia. Algumas variedades contêm uma elevada proporção de frutose ou glucose, apresentando pouca tendência para cristalizar, quando o teor de glucose é elevado e o de frutose é relativamente baixo, o mel tende a formar cristais e pode mesmo endurecer. Os cristais podem ser dissolvidos se o mel for aquecido por breves instantes.

Geralmente, a frutose é o açúcar predominante no mel (38%) e a glucose vem logo a seguir (31%)

A sacarose constitui apenas cerca de 2%, 2% do teor de açúcar. O mel é constituído por cerca de 18% de água, contém também alguma dextrina, uma pequena quantidade de sais minerais e vestígios de ácido fórmico. Uma propriedade do mel com grande significado na culinária é a sua capacidade de reter água. Assim, os bolos e biscoitos, as coberturas e os doces feitos com o mel permanecem húmidos durante mais tempo do que os produtos semelhantes feitos com a maioria dos outros edulcorantes.

AÇÚCARES UTILIZADOS NA PREPARAÇÃO DE ALIMENTOS:

O açúcar e outros edulcorantes têm várias utilizações na preparação de alimentos, bebidas, frutos refrigerados, doces, geleias, compotas, produtos de pastelaria, sobremesas congeladas e pudim utilizam o açúcar ou outros edulcorantes para desenvolver as caraterísticas do produto padrão.

O açúcar dá sabor, cor e ajuda a desenvolver o volume e a textura do produto cozinhado. É um fator que contribui para a espessura dos pudins, a firmeza de produtos como as geleias e os cremes e as alterações de cor e textura dos produtos de fruta. Quando outros edulcorantes substituem o açúcar, o produto resultante é um pouco diferente do produto normal que utiliza açúcares. O mel e o melaço acrescentam o seu próprio sabor caraterístico aos alimentos e os bolos e biscoitos que utilizam estes edulcorantes escurecem rapidamente. Consequentemente, os produtos cozinhados com mel ou melaço requerem um ajustamento da temperatura e do tempo de cozedura.

A utilização de edulcorantes artificiais ou não nutritivos requer uma receita especialmente desenvolvida. Embora esses produtos e edulcorantes para produtos, eles não têm o mesmo efeito sobre a ternura, crosta, cor e viscosidade dos alimentos preparados.

A substituição do açúcar pode ser efectuada com sucesso através das seguintes recomendações. Substitua o mel ou o xarope de milho por medidas no pão rápido e no pão com fermento. A quantidade é pequena e a humidade adicionada não faz grande diferença. No pão de frutas, até metade do açúcar pode ser substituído por mel ou xarope de milho sem alterar o resto dos ingredientes da receita.

Em pudins ou cremes, o mel pode ser substituído medida por medida, mas a substituição por xarope de milho requer a redução do conteúdo líquido da receita.

As bolachas do tipo crocante podem ser feitas com um terço do açúcar substituído por mel ou xarope de milho, metade do açúcar dos brownies de chocolate pode ser substituído por mel ou xarope de milho e 40% do açúcar pode ser substituído por mel ou xarope de milho na substituição do amarelo, do chiffon e do xarope de milho, a temperatura do forno deve ser reduzida em 25 graus.

Na receita que utiliza 1 chávena de mel ou xarope de milho como substituto do açúcar, reduza um quarto de chávena do total de líquido na receita. Também deve ser utilizada uma quarta colher de chá de bicarbonato de sódio para neutralizar a acidez do mel. O ajuste melhora o volume do produto, mas não é necessário em produtos que têm soda como ingredientes básicos. Em bolos brancos, o mel pode dar uma cor indesejável. Pode-se utilizar um xarope de milho light para enlatar as frutas.

PRINCÍPIOS DA CULINÁRIA DO AÇÚCAR

O açúcar é muito utilizado para adoçar muitos tipos de sobremesas e para fazer conservas de frutos, compotas e geleias. É o ingrediente básico dos doces e, na verdade, pode ser o único ingrediente (exceto a água). Os princípios da cristalização são pertinentes para o fabrico de doces como o fondant e o fudge.

CRISTALIZAÇÃO

A cristalização da solução é de importância fundamental na cozinha do açúcar. Um cristal é composto por moléculas bem compactadas que se reorganizam num padrão. A cristalização ocorre apenas se a solução estiver supersaturada. O tamanho dos cristais produzidos, no entanto, dependerá da taxa dos núcleos em torno dos quais o cristal cresce e da taxa de crescimento dos cristais em torno desses núcleos. Se apenas um ou dois núcleos forem formados, o tamanho do cristal produzido será grande. Mas se a taxa de formação de núcleos for muito rápida, formar-se-ão muitos cristais pequenos. Tanto a taxa de cristalização como a taxa de formação de núcleos são modificadas pela natureza da substância cristalizadora, pela concentração da solução, pela forma como a solução é agitada e pelas impurezas que nela se podem encontrar. Algumas substâncias, como a glucose, não têm a capacidade de produzir o cristal grande.

Em vez disso, produzem núcleos que permitem a formação rápida de muitos e muitos pequenos cristais, provavelmente porque provocam a quebra de muitos núcleos de cristais já formados. A agitação também coloca a solução supersaturada em contacto com cada cristal. Uma impureza que possa ser depositada no cristal impede o seu crescimento nesse lado do cristal. A presença de glucose, por exemplo, interfere com a cristalização ao revestir o cristal. O uso de gordura na mistura de doces é uma boa ilustração; a gordura interfere com a cristalização da sacarose, revestindo o cristal de açúcar.

Saturação - Quanto maior for a quantidade de açúcar que se dissolve facilmente na água, maior será a quantidade de açúcar que se dissolverá nela. A quantidade de açúcar dissolvida em água a ferver é aproximadamente o dobro da quantidade que será dissolvida no mesmo volume de água à temperatura ambiente. A maltose e a glucose são menos solúveis do que a sacarose, pelo que, quando se utilizam xaropes que contêm uma grande proporção destes dois açúcares, é necessário utilizar mais água para os dissolver do que para dissolver o mesmo peso de sacarose. Esta diferença de solubilidade tem algum efeito na cozinha quando os xaropes substituem parte ou a totalidade do açúcar numa receita.

Quando aquecido sozinho, o açúcar granulado junta-se e forma uma massa clara sem quaisquer cristais. Se esta massa amorfa clara arrefecer, forma um bolo duro. É o chamado açúcar de cevada. Se, no entanto, o aquecimento do açúcar for continuado até o açúcar ficar castanho escuro, o produto formado é conhecido como açúcar caramelizado. O açúcar caramelizado tem um sabor muito caraterístico e, com a adição de água, pode ser utilizado para fins aromatizantes.

Alguns rebuçados e glacês cozidos são feitos dissolvendo açúcar num líquido e aquecendo a mistura. Na primeira fase do processo, o açúcar dissolve-se e não é evidente a formação de cristais. Mas quando a solução começa a ferver e a água evapora, a solução torna-se mais concentrada e o seu ponto de ebulição aumenta na proporção direta da quantidade de açúcar dissolvido no líquido.

Quando uma solução de açúcar atinge um certo grau de saturação e é deixada arrefecer, começam a formar-se cristais. Geralmente, os cristais que são procurados nos doces são os pequenos cristais que proporcionam uma textura suave. Os doces como o fondant e o fudge pertencem a esta categoria e são conhecidos como doces em creme ou cristalinos.

Tamanho dos cristais

Para estes rebuçados são necessários pequenos cristais de formação rápida. Deve-se notar que a velocidade de formação dos cristais é extremamente importante para se obter a textura correta.

Numa solução feita com açúcar granulado, a sacarose cristaliza muito rapidamente. Quando os cristais começam a formar-se demasiado cedo numa solução de açúcar, formam-se apenas alguns de cada vez. No entanto, os cristais formados são grandes e continuam a crescer, resultando num doce granulado.

Para evitar a formação de cristais grandes e promover a fermentação de muitos cristais de estanho ou uma pequena quantidade de um açúcar simples (glucose) deve estar presente na solução de açúcar. Estas pequenas moléculas de açúcar interferem com a formação de grandes cristais de sacarose e retardam o seu desenvolvimento. Os açúcares simples podem ser adicionados a uma solução de doce em quantidades cuidadosamente medidas de xarope de milho ou mel ou como um ingrediente ácido (creme de tártaro, sumo de limão ou vinagre) pode ser adicionado para acelerar a inversão da sacarose em glicose e frutose. Qualquer um dos métodos de fornecer uma pequena quantidade de açúcar simples deve ser cuidadosamente controlado, pois uma inversão excessiva de sacarose resultará num produto líquido que não ficará cremoso quando batido. O xarope de milho pode ser a melhor escolha num dia húmido. Não absorverá tanta humidade como o açúcar invertido.

Uma segunda consideração para obter a condição certa para uma cristalização rápida é ter o xarope exatamente à temperatura certa ou, por outras palavras, à concentração certa. A solução deve ser suficientemente concentrada para que, em condições adequadas, se torne supersaturada. Quando este ponto é atingido, a solução está pronta para ser posta de lado e arrefecer.

Os três factores implicam deixar a mistura arrefecer até ficar morna (cerca de 100^{0}F) antes de ser batida. A concentração da solução é tal que se tornará supersaturada quando arrefecida. À medida que a calda arrefece, o açúcar é aquecido numa solução, num estado supersaturado. Se a calda for batida ainda quente, formar-se-ão cristais grandes. Quando se deixa arrefecer a solução, antes de a bater, os pequenos cristais formam-se todos de uma só vez, o calor é libertado e forma-se uma massa cremosa. O batimento deve continuar até que o processo de cristalização esteja completo.

Os rebuçados que não requerem cristalização são chamados de rebuçados sem cristalização. No fabrico destes rebuçados, é importante evitar a formação de cristais. Isto é conseguido através da adição de ingredientes como manteiga, natas, clara de ovo, chocolate ou xarope de milho diretamente à solução de açúcar. Estes materiais fornecerão açúcares simples, gorduras ou espuma de ar suficientes para interferir com a formação de cristais.

É importante determinar exatamente quando é que a temperatura certa foi atingida. Para o efeito, pode utilizar-se uma temperatura especial para doces ou deixar cair pequenas quantidades de xaropes de açúcar em água fria. A reação do xarope à água fria corresponde a um determinado intervalo de temperatura e caracteriza uma determinada fase.

EDULCORANTES ALTERNATIVOS

A utilização hábil da química e da biotecnologia, aliada a alguma compreensão da forma como o edulcorante é percebido a nível molecular, está a gerar uma seleção de edulcorantes alternativos que podem ser utilizados com vantagem sobre a sacarose e outros edulcorantes tradicionais. Estas novas substâncias, adicionadas aos vários edulcorantes intensos anteriormente conhecidos que já obtiveram aprovação governamental e aceitação popular, são úteis para funções como a redução de calorias, a adaptação personalizada de diferentes perfis de doçura, a redução de custos e combinações destas qualidades devido a diferentes critérios de aprovação regulamentar e considerações políticas, as opções de edulcorantes permitidos devem ser consideradas numa base de país a país. Consequentemente, rever o tema da doçura intensa para os profissionais do sector alimentar é um pouco como dar aos artistas uma paleta completa de cores e dizer-lhes que podem usar castanho, verde e um pouco de amarelo apenas em ocasiões especiais. Nos Estados Unidos, apenas alguns destes edulcorantes podem atualmente ser utilizados e apenas em aplicações aprovadas pela Food and Drug Administration. Outros estão a ser submetidos a um processo de aprovação e alguns estão ainda em fase de desenvolvimento. Todos eles têm um importante potencial atual ou potencial para permitir não só a redução de calorias, mas também a personalização de um perfil de edulcorantes mais apropriado para um determinado sistema alimentar. Só recentemente começámos a desenvolver alguma compreensão da base molecular dos edulcorantes; a perceção de que faltava este conhecimento, a descoberta de compostos de intensidade doce tem sido em grande parte uma questão de acaso, apesar dos grandes esforços de investigação em alguns casos.

Desenvolvimento de um adoçante alternativo

1879- Constantin Fanlberg coloca um alimento na boca durante um jantar e repara que as suas mãos têm um sabor doce e assim é descoberta **a Sacarina**.

1965- James Schlatter lambe o dedo para pegar num pedaço de papel e descobre **o Aspartame.**

1967- Karl Claus também lambe os dedos, detecta **acesulfame-K** residual

1975- Shashikant Phadnis interpreta mal um pedido para provar um novo composto, quando o prova. A substância é o primeiro corredor da **Sucralase.**

1977- MIcheal Sveda apanha um cigarro de uma bancada contaminada e coloca-o na boca, provando pela primeira vez **o ciclamato**.

SACCHARIN

O primeiro edulcorante intenso, a sacarina, foi descoberto por um químico alemão, Constantin Fahlberb, que trabalhava na Universidade Johns Hopkins sob a direção de Ira Remsen. O composto era um resultado esperado da oxidação da o-tolueno sulfonamida e só acidentalmente se descobriu que tinha um poder adoçante intenso.

Propriedades

1. Quimicamente, a sacarina é uma o-benzossulfonamida, a fórmula molecular é $C_7H_5NO_3S$ e o peso molecular é 183,18.

2. Trata-se de um pó cristalino branco.

3. É inodoro ou pode ter um ligeiro odor aromático.

4. As suas soluções são ácidas.

5. 1gm de sacarina dissolve-se em 290ml de água a 25^0 C ou em 25 ml de água a ferver.

6. A sacarina tem uma boa estabilidade no intervalo de pH de 3,3 - 8,0 dos vários sais.

7. A sacarina de sódio e a sacarina de cálcio são as mais importantes do ponto de vista comercial; ambas se dissolvem em menos do dobro do seu peso de água.

8. A sacarina é absorvida lentamente pelo organismo e é excretada rapidamente sem ser metabolizada. A bexiga urinária não apresenta uma acumulação excessiva de sacarina.

Marca - Sweet n Low ™

CICLAMATO

Foi descoberto por acaso na Universidade de Illinois em 1937. Inicialmente, o ciclamato estava disponível apenas na forma de comprimidos como um produto para diabéticos. O consumo aumentou consideravelmente quando o ciclamato e as misturas de sacarina se tornaram amplamente disponíveis como alimentos dietéticos especiais. Com base num estudo que demonstrou a existência de um tumor na bexiga urinária de um rato alimentado com uma mistura de ciclamato e sacarina, a FDA proibiu o ciclamato como agente cancerígeno em 1969, pondo fim à sua utilização em alimentos e bebidas. Após anos de debate sobre a polémica decisão, a FDA afirmou, em 1984, que a sua decisão de 1969 se baseava em leituras incorrectas de dados científicos. Em finais de 1984, um tribunal dos Estados Unidos decidiu que a FDA era culpada. No final de 1990, ainda estavam pendentes petições de reintegração e é possível que em breve esteja novamente disponível.

Propriedades

1. O ciclamato é o termo genérico para os ciclo-hexilsulfamatos.

2. Os dois sais disponíveis no mercado são o ciclamato de sódio e o ciclamato de cálcio, ambos não calóricos e cristalinos de cor branca.

3. Dissolvem-se facilmente em água, formando uma solução estável à luz, ao calor e ao ar numa gama de pH de 2-12.

4. É o menos intenso dos edulcorantes alternativos amplamente utilizados.

5. A capacidade dos seres humanos para metabolizar os ciclamatos é muito diferente e, aparentemente, depende da flora intestinal de cada indivíduo. Os seres humanos e os animais de laboratório colocados numa dieta de ciclamato mostraram a capacidade de metabolizar cada vez mais o ciclamato ao longo de um período de dias a uma semana.

6. A ciclo-hexilamina, o produto do metabolismo do ciclamato, é mais preocupante do ponto de vista da toxicidade do que o edulcorante de origem. Cerca de 75% dos seres humanos convertem 0,1% ou menos do ciclamato consumido em ciclohexilamina, mas 1% dos consumidores pode converter até 60%.

7. O Cyclmate não é metabolizado pelo fígado e é excretado inalterado pelos rins.

Marca-Sucaryl ™, Sugar Twin ™, Weight Watcher ™.

ASPARTME

Um éster metílico dipeptídico do ácido aspártico e da fenilalanina, o N-1-aspartil-1-fenilalanina-1-CH3-éster, foi um composto intermédio sintetizado em 1965 por J. Schatller, no decurso de um trabalho sobre um medicamento para o tratamento da úlcera. Nessa altura, não se conheciam outros péptidos de baixo peso molecular como sendo doces. O grupo Searle, que sintetizou vários outros dipeptídeos doces, concluiu que a parte da fenilalanina, mas não a parte do ácido aspártico, podia ser manipulada de forma significativa e ainda assim manter as propriedades adoçantes. A Searle acabou por decidir comercializar o composto original, que posteriormente recebeu o nome de aspartame.

A FDA, apesar da recomendação do conselho, concluiu que o aspartame era seguro para as utilizações propostas e anulou a suspensão da comercialização em 1981

Propriedades

1. É uma substância branca, inodora, cristalina e de sabor doce.
2. É solúvel em água apenas a cerca de 1% a 25⁰C e é ligeiramente solúvel em álcool etílico.
3. No estado seco, o aspartame é bastante estável. A decomposição ocorre em determinadas condições de humidade, pH e temperatura.
4. O seu ponto isoelétrico é de 5,2

Marca - Equal ™

ALGUNS OUTROS EDULCORANTES DIPEPTÍDICOS

Na sequência da descoberta do aspartame, os esforços da Searle e de outras empresas resultaram na preparação de mais de 1000 dipeptídeos e análogos de dipeptídeos, muitos dos quais são dez a centenas de vezes mais doces do que o aspartame. Alguns destes compostos de alta intensidade estão a ser comercializados.

AILTAME

A aspartil alanina, um dipeptídeo com uma doçura cerca de 2000 vezes superior à da sacarose, está a ser desenvolvida pela Pfizer.

Propriedades

1. É muito solúvel em água e tem um sabor limpo.
2. Segundo consta, tem uma melhor estabilidade do que os aspartames, embora possam surgir sabores estranhos devido ao armazenamento a alta temperatura de uma solução ácida.
3. As suas utilizações potenciais incluem produtos de pastelaria, misturas para pastelaria, bebidas quentes e frias e misturas para bebidas secas, adoçantes de mesa, gomas de mascar e rebuçados, sobremesas e misturas congeladas e produtos farmacêuticos.
4. É metabolizado normalmente, testes extensivos em animais e humanos indicaram a sua segurança para o consumo humano.

PS-99 e PS 100

Estes dois edulcorantes proteicos foram patenteados pela General Foods em 1988. Ésteres de um ácido α-aminodicarboxílico e α-aminoésteres.

Propriedades

1. É relatado que têm melhor estabilidade em valores de pH baixos e melhor estabilidade térmica do que os dipeptídeos anteriores.
2. Têm um grau de doçura 2000-2500 vezes superior ao do açúcar.
3. Têm uma doçura limpa, semelhante à do açúcar, sem sabor residual.

ACESULFAME-K

Karl Claus e H. Jensen da Houchst AG em Frankfurt, Alemanha, reagiram o 2-buteno e o isocianato de fluorosulfonilo em 1967 para produzir um novo composto com um novo sistema de anéis. Descobriu-se que a substância tinha um sabor doce. Mais uma vez, tratou-se de uma descoberta acidental. A investigação subsequente das di-hidroxiazionas revelou uma família de compostos com sabor doce. Após a realização de estudos, Houchst selecionou o dióxido de 2,2,3,oxatiazina-4-ona-2,2 como tendo as melhores propriedades gustativas e viabilidade de fabrico. O nome genérico inicialmente escolhido, acetossulfame, foi alterado para acesulfame-sal de potássio, abreviado para acesulfame-K. É comercializado pela Houchst sob a marca Sunnette.

Propriedades

1. O acsulfame-K é um pó cristalino monoclínico de cor branca.
2. Não tem um ponto de fusão acentuado, mas decompõe-se a cerca de 225⁰ C.
3. A solubilidade em água é de cerca de 270gm/lt a 20⁰C e cerca de 1kg/lt a 100⁰ C.
4. O acessulfame-K é extremamente estável no estado sólido e mesmo no ambiente de pH baixo dos refrigerantes.
5. O acessulfame-K tem uma estrutura semelhante à da sacarina, mas é cerca de metade mais doce.
6. O acesulfame-K não é metabolizado pelo organismo.

7. É absorvido pelo trato intestinal e rápida e completamente excretado.

Marca - Sunette ™

THAUMATINA

A taumatina é uma mistura de proteínas doces extraídas do fruto da Thaumatococcus danielli, uma planta da África Ocidental.

Embora os poderes adoçantes da taumatina fossem conhecidos pelos nativos da África Ocidental desde há séculos, o mundo ocidental só conheceu a taumatina no início do século XIX, quando um médico e um botânico britânicos trouxeram espécimes da planta e do fruto para Inglaterra. Aparentemente, não houve desenvolvimento comercial até à década de 1970, quando os agrónomos da Tate and Lyle estabeleceram pequenas plantações no Gana e em países da África Ocidental. A Tate and Lyle comercializa a taumatina sob o nome de Talin.

Propriedades

1. Como mistura natural, a taumatina carece de alguns dos elementos caraterísticos dos compostos isolados. Foi demonstrado que consiste em dois componentes proteicos principais, designados taumatina I e II.
2. O peso molecular é de cerca de 22000.
3. São proteínas básicas com um ponto isoelétrico próximo de pH 12.
4. A taumatina é extremamente solúvel em água, mas não em solventes orgânicos.
5. Para as proteínas, é extremamente estável ao calor, nomeadamente a valores de pH baixos. A um pH inferior a 5,5. O tratamento térmico durante várias horas a 100^0 C não provoca qualquer perda de doçura.
6. É estável sob condições de pasteurização, a estabilidade ao calor da ala diminui com o aumento do pH.

STEVIOSIDE

Trata-se de um extrato vegetal; o esteviosídeo é um glicosídeo das folhas da *stevia rebaudiana,* uma planta originária do Paraguai. O edulcorante é extraído com água das folhas secas, clarificado e cristalizado. O esteviosídeo está disponível em três gamas de pureza: extrato bruto, 50% de pureza e 90%.

O material mais puro é um pó branco. O esteviosídeo é muito estável a pH 9. A decomposição é considerável a pH 10. Não sendo fermentável, não é carcinogénico.

OUTROS EDULCORANTES DE ORIGEM NATURAL

GLYCYRRHIZIN

A glicirrizina, um edulcorante não-calórico cerca de 100 vezes mais doce do que a sacarose, é extraída da raiz de alcaçuz e mantém o sabor caraterístico do licor, o que limita a sua aplicação. É utilizada em tabaco, produtos farmacêuticos e produtos de confeitaria. Está aprovada nos Estados Unidos como intensificador de sabor.

NEOHESPERIDINA outros DIHYDROCHALCONES

Derivadas dos bioflavonóides dos citrinos, as di-hidrocalconas são edulcorantes monocalóricos com intensidades de doçura que variam entre cerca de 200 e 2000 vezes a da sacarose. A neohisperidina dihidrocalcona (NHDC) tem uma intensidade relativa de doçura de cerca de 1800 no nível limiar, mas apenas 250 na concentração de 5% de sacarose. As dihidrocolconas caracterizam-se por um desenvolvimento lento dos edulcorantes e por um sabor residual persistente.

A UTILIZAÇÃO DE VÁRIOS EDULCORANTES NOS SISTEMAS ALIMENTARES

O uso hábil de sistemas de adoçantes multi-componentes tem demonstrado mascarar o encurtamento dos adoçantes individuais resume. As misturas de edulcorantes exibem frequentemente uma maior intensidade de doçura que pode ser explicada pelo simples efeito aditivo dos seus níveis individuais. Um efeito supressivo também pode ocorrer. Frank, Mize e Carter estudaram 31 sistemas binários de edulcorantes e encontraram sinergismo em casos leves, supressão em dois e nenhuma diferença significativa em 11 casos. O acessulfame combinado com o aspartame ou o ciclamato mostrou um sinergismo igual a 36% de doçura extra. O esteviosídeo e a frutose ou a glucose perderam 11% da sua doçura esperada. As interações dos componentes dos edulcorantes que causam esta variabilidade na doçura global ainda não são bem compreendidas. Em parte, isto deve-se ao facto de ainda haver desacordo sobre se todos os edulcorantes competem pelos mesmos receptores gustativos ou se existem múltiplos receptores.

Uma vez que o sinergismo ou a supressão não podem ser previstos de forma fiável, o efeito de um determinado sistema de adoçantes multicomponentes deve ser determinado experimentalmente. Para além de reduzir o consumo de um determinado edulcorante, o uso de misturas permite desenhar o melhor perfil de intensidade de doçura para um determinado alimento. A redução de até 40% do uso de edulcorantes pode também ser alcançada num sistema sinérgico, reduzindo os custos.

O FUTURO DOS EDULCORANTES INTENSOS

O elevado e contínuo nível de investigação neste domínio leva à eventual introdução de outros edulcorantes estáveis e seguros. Os investigadores da Nutra Sweet Company descobriram recentemente uma série de edulcorantes derivados de β - aminoácidos substituídos com intensidades até 20000 vezes superiores à doçura da sacarose.

A biotecnologia tornar-se-á cada vez mais importante na produção de edulcorantes e o seu componente c-fenilalanina, utilizado no fabrico do aspartame, era tradicionalmente fabricado por um processo de fermentação.

Embora os edulcorantes à base de proteínas pareçam ser os candidatos lógicos para a aplicação da biotecnologia, é provável que a nova utilização de enzimas e de hospedeiros geneticamente modificados se estenda a outras classes de edulcorantes intensos.

Não.	Produto	Doçura (Relativa a sacarose)	Atributos
1	Sacarina	300x	Boa estabilidade, solubilidade; sabor residual amargo
2.	Ciclame	30X	Boa estabilidade, solubilidade; sabor amargo após a concentração elevada
3.	Aspartame	180X	Sabor a açúcar limpo, problema de estabilidade quando aquecido
4.	Glicirrizina	100X	Sabor a alcaçuz
5.	Sucralose	400-800X	Sabor a açúcar, boa estabilidade térmica
6.	Acesulfame-K	200X	Rápido início da doçura, ligeiro sabor residual, boa estabilidade térmica
7.	Esteviosídeo	100-300X	Sabor a açúcar, com um travo amargo
8.	Alitame	2000X	Sabor limpo, boa solubilidade, estabilidade térmica
9.	PS-99	2000-2500X	Sabor a açúcar limpo e sem sabor residual
10	PS-100	2000-2500X	Sabor a açúcar limpo e sem sabor residual
11.	Dihidrochalconas	300-2000X	Doçura lenta, sabor residual persistente

Aplicações dos edulcorantes artificiais no processamento de alimentos

Os substitutos do açúcar são utilizados em vez do açúcar por uma série de razões, incluindo:

- Para ajudar na perda de peso - algumas pessoas optam por limitar a ingestão de energia alimentar, substituindo o açúcar ou o xarope de milho de alto valor energético por outros edulcorantes com pouca ou nenhuma energia alimentar. Isto permite-lhes comer os mesmos alimentos que comeriam normalmente, ao mesmo tempo que lhes permite perder peso e evitar outros problemas associados à ingestão calórica excessiva.
- Cuidados dentários - Os hidratos de carbono e os açúcares aderem normalmente ao esmalte dos dentes,

onde as bactérias se alimentam deles e se multiplicam rapidamente. As bactérias convertem o açúcar em ácidos que deterioram os dentes. Os substitutos do açúcar, ao contrário do açúcar, não corroem os dentes, uma vez que não são fermentados pela microflora da placa dentária. Um edulcorante que pode efetivamente beneficiar a saúde dentária é o xilitol, que tende a evitar que as bactérias adiram à superfície do dente, prevenindo assim a formação de placa bacteriana e, eventualmente, a cárie. O xilitol não pode ser fermentado pelas bactérias que se alimentam de açúcar, pelo que estas têm dificuldade em prosperar, ajudando assim a prevenir a formação de placa bacteriana[4].

- Diabetes mellitus - as pessoas com diabetes têm dificuldade em regular os seus níveis de açúcar no sangue e precisam de limitar a ingestão de açúcar. Muitos adoçantes artificiais permitem que os alimentos tenham um sabor doce sem aumentar o açúcar no sangue. Outros libertam energia, mas são metabolizados mais lentamente, evitando picos de glicose no sangue.
- Hipoglicemia reactiva - os indivíduos com hipoglicemia reactiva produzem um excesso de insulina depois de absorverem rapidamente a glucose na corrente sanguínea. Isto faz com que os seus níveis de glucose no sangue desçam abaixo da quantidade necessária para o bom funcionamento do corpo e do cérebro. Consequentemente, tal como os diabéticos, devem evitar a ingestão de alimentos com elevado índice glicémico, como o pão branco, e utilizam frequentemente adoçantes artificiais para adoçar sem glicose no sangue.
- Evitar alimentos processados - Algumas pessoas optam por substituir o açúcar branco refinado por açúcares menos processados, como o sumo de fruta ou o xarope de ácer. (Ver Lista de adoçantes não refinados).
- Custo - muitos substitutos do açúcar são mais baratos do que o açúcar. Os edulcorantes alternativos têm frequentemente um custo total mais baixo devido ao seu longo prazo de validade e à sua elevada intensidade adoçante. Este facto permite que os edulcorantes alternativos sejam utilizados em produtos que não se deterioram após um curto período de tempo.

Aumento de peso e resposta à insulina

Estudos em animais indicaram que o sabor doce induz uma resposta à insulina em ratos. No entanto, a extensão dos resultados do modelo animal aos seres humanos não é clara, uma vez que os estudos em seres humanos sobre a infusão intragástrica de sucralose não revelaram qualquer resposta à insulina por parte dos receptores gustativos análogos. A libertação de insulina faz com que o açúcar no sangue seja armazenado nos tecidos (incluindo o tecido adiposo). No caso de uma resposta aos edulcorantes artificiais, mesmo que o açúcar no sangue não aumente, pode ocorrer um aumento da hipoglicemia ou hiperinsulinemia e um aumento da ingestão de alimentos na próxima refeição. Os ratos a quem são administrados edulcorantes têm um aumento constante da ingestão de calorias, do peso corporal e da gordura. Além disso, as respostas naturais à ingestão de alimentos açucarados (comer menos na refeição seguinte e utilizar algumas das calorias extra para aquecer o corpo após a refeição açucarada) perdem-se gradualmente.

Um estudo de 2014 realizado por uma colaboração de dezassete cientistas de nove institutos de investigação israelitas apresentou provas experimentais de que os adoçantes artificiais podem exacerbar, em vez de prevenir, distúrbios metabólicos como a diabetes tipo 2. Os cientistas relataram que os adoçantes artificiais aumentam os níveis de açúcar no sangue tanto em ratos como em humanos, alterando a composição e a função da flora intestinal. Níveis excessivos de açúcar no sangue são um indicador precoce de diabetes tipo 2 e de doenças metabólicas. Os ratos que receberam água potável suplementada com adoçante artificial (formulações comerciais de sacarina, sucralose ou aspartame) desenvolveram maior intolerância à glucose do que os ratos que beberam água pura ou água apenas com açúcar adicionado. Este efeito verificou-se tanto em ratinhos alimentados com comida normal como em ratinhos alimentados com uma dieta rica em gorduras. Foram observadas alterações na composição da flora intestinal através da sequenciação de um gene do ARN ribossómico. Quando foram utilizados antibióticos para eliminar as bactérias intestinais, o grau de intolerância à glicose nos ratinhos alimentados com qualquer uma das dietas foi restaurado para os níveis normais presentes antes da introdução do adoçante artificial. Foram também estudados seres humanos. Foram analisadas as bactérias intestinais de 381 indivíduos não diabéticos com uma idade média de 43 anos, revelando diferenças nas bactérias intestinais entre os indivíduos que consumiam habitualmente adoçantes artificiais e os que não consumiam, bem como "marcadores" de diabetes, tais como níveis elevados de açúcar no sangue e intolerância à glucose. Os investigadores observaram que o aumento do consumo humano de adoçantes artificiais coincide com a epidemia moderna de obesidade e diabetes. Num comentário à revista, dois investigadores opinaram que os edulcorantes artificiais "podem contribuir para, em vez de aliviar, as condições metabólicas relacionadas com a obesidade, alterando a composição e a função das populações bacterianas no intestino"

ÁGUA E GELO

Neste planeta, a água é a única substância que ocorre abundantemente em todos os três estados físicos. É o nosso único líquido comum e é o nosso frio puro mais distribuído, estando presente algures na atmosfera como partículas de gelo em suspensão ou na superfície da Terra como vários tipos de neve e gelo. A água é o principal componente da maioria dos alimentos, e cada um tem o seu próprio teor de água caraterístico.

É essencial à vida como transportador de nutrientes e resíduos, como reagente e meio de reação, como estabilizador da conformação dos biopolímeros, como determinante da reatividade das proteínas e de outras formas.

A sua presença na quantidade, localização e orientação corretas é necessária para a viabilidade da matéria biológica e para a qualidade aceitável dos alimentos. No entanto, o grande conteúdo de água dos alimentos nativos e da matéria biológica necessita de um método eficaz de preservação se for desejado um armazenamento a longo prazo. É de interesse mais do que passageiro o facto de a remoção de água, quer por desidratação convencional, quer por separação local sob a forma de cristais de gelo puro, alterar grandemente as propriedades nativas dos alimentos e da matéria biológica. Pior ainda são as tentativas de devolver a água à sua posição original (re-hidratação, descongelação) que nunca são mais do que parcialmente bem sucedidas. Existe, portanto, uma ampla justificação para estudar a água e o gelo com bastante cuidado.

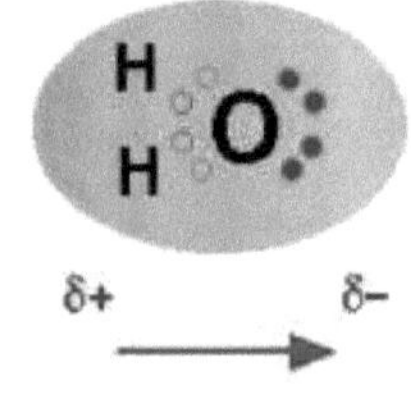

A molécula de água: Estrutura e propriedades

Uma molécula é uma agregação de núcleos atómicos e electrões que é suficientemente estável para possuir propriedades observáveis - e há poucas moléculas mais estáveis e difíceis de decompor do que a água. Na água, cada núcleo de hidrogénio está ligado ao átomo central de oxigénio por um par de electrões que são partilhados entre eles; os químicos chamam a este par de electrões partilhados uma ligação química covalente. Na água, apenas dois dos seis electrões da camada exterior do oxigénio são utilizados para este fim, restando quatro electrões que estão organizados em dois pares sem ligação. Os quatro pares de electrões que rodeiam o oxigénio tendem a organizar-se o mais longe possível uns dos outros, de modo a **minimizar** as repulsões entre estas nuvens de carga negativa. Isto resultaria normalmente numa **geometria** tetraédrica em que o ângulo entre os pares **de electrões** (**e** portanto o **ângulo de** ligação H-O-H) é de 109,5°. No entanto, como os **dois pares** não-ligantes permanecem mais próximos **do** átomo de oxigénio, estes exercem uma repulsão mais forte **contra** os dois pares de ligações **covalentes**, empurrando efetivamente os dois átomos de hidrogénio para mais perto uns dos outros. O resultado é um arranjo tetraédrico distorcido no qual o ângulo H-O-H é de 104,5°.

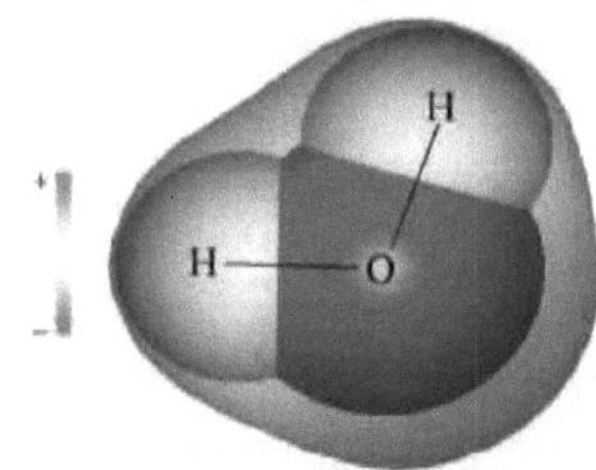

Embora **a molécula** de água não tenha carga eléctrica líquida, os seus **oito** electrões **não** estão **distribuídos** uniformemente; existe uma **carga** ligeiramente **mais negativa** (púrpura) na extremidade de oxigénio da molécula e uma carga positiva compensadora (verde) na extremidade de hidrogénio. A **polaridade** resultante **é em grande parte** responsável pelas propriedades únicas da água.

Como as moléculas são mais pequenas do que as ondas de luz, não podem ser **observadas** diretamente **e** têm de ser "visualizadas" por meios alternativos. Esta imagem gerada por computador resulta de cálculos que modelam a distribuição de electrões na molécula de água. O **envelope** exterior mostra a "superfície" efectiva

da molécula, definida pela extensão **da** nuvem de carga eléctrica **negativa** criada pelos oito electrões.
A molécula de água é eletricamente neutra, mas as **cargas** positivas **e** negativas **não estão** distribuídas uniformemente. Este facto é ilustrado pela gradação de cores no diagrama esquemático. A carga eletrónica (negativa) **está concentrada na** extremidade da molécula **que** contém **o oxigénio**, devido em parte aos electrões **não** ligados (círculos **azuis** sólidos) **e** à elevada carga nuclear do **oxigénio**, que **exerce** uma forte atração **sobre** os **electrões**. Esta deslocação de carga constitui um dipolo elétrico, representado pela **seta** em baixo; pode pensar-se **neste** dipolo como a "imagem" eléctrica de uma molécula de água
Como **todos aprend**emos na escola, as cargas opostas atraem-se, pelo que o átomo de hidrogénio

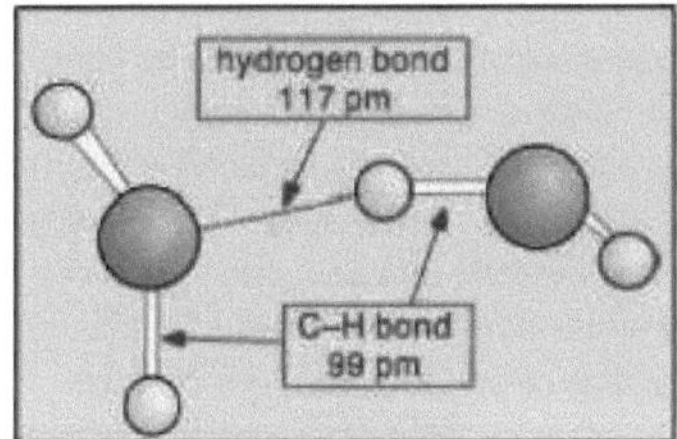

parcialmente positivo de uma **molécula** de água é **atraído** electrostaticamente pelo **oxigénio** parcialmente **negativo** de uma molécula vizinha. Este processo é designado (**de forma algo enganadora**) por ligação de hidrogénio. Repare que a **ligação de hidrogénio** (**representada** pela **linha** verde a tracejado) é um pouco mais longa **do que** a ligação covalente O-H. Isto significa que é consideravelmente mais fraca. Isto significa que é consideravelmente mais fraca; é tão fraca, de facto, que uma dada ligação de hidrogénio não consegue sobreviver mais **do que** uma pequena **fração** de segundo.

As propriedades anómalas da água
Há muito que se sabe que a água **apresenta** muitas **propriedades físicas que** a distinguem de **outras** pequenas **moléculas** de massa comparável. Os químicos referem-se a estas propriedades como as propriedades "anómalas" da água, **mas** não são de modo algum misteriosas; todas são **consequências** inteiramente previsíveis da forma como **o** tamanho e a carga nuclear do átomo **de oxigénio** conspiram para **distorcer** as nuvens de carga eletrónica dos átomos de outros elementos quando estes estão **quimicamente** ligados **ao oxigénio.**
A água é uma das poucas substâncias conhecidas cuja forma sólida é menos densa do que a líquida. O gráfico à direita mostra como o volume da água varia com a temperatura; o grande aumento (cerca de 9%) ao congelar mostra porque é que o gelo flutua na água e porque é que os canos rebentam quando congelam. A expansão entre -4° e 0° é devida à formação de agregados maiores com ligações de hidrogénio. Acima de 4°, a expansão térmica começa à medida que as vibrações das ligações O-H se tornam mais vigorosas, tendendo a afastar mais as moléculas.
A outra propriedade anómala da água, amplamente citada, é o seu elevado ponto de ebulição. Como mostra este gráfico, uma molécula tão leve como a água "deveria" ferver a cerca de -90°C; isto é, existiria no mundo como um gás e não como um líquido se não houvesse ligações H. Note-se que a ligação H também é observada com o flúor e o azoto.
Já alguma vez observou um inseto a caminhar sobre a superfície de um lago? O saltador aquático aproveita o facto de a superfície da água agir como uma película elástica que resiste à deformação quando um pequeno peso é colocado sobre ela. (Se tiver cuidado, também pode "flutuar" um pequeno clipe de papel ou um agrafo de aço na superfície da água de um copo). Tudo isto se deve à tensão superficial da água. Uma molécula dentro da massa de um líquido sofre atracções das moléculas vizinhas em todas as direcções, mas como estas são iguais a zero, não há força líquida sobre a molécula. Para uma molécula que se encontra à superfície, a situação é bastante diferente; experimenta forças apenas para os lados e para baixo, e é isto que cria o efeito de membrana esticada.
A distinção entre as moléculas localizadas à superfície e as que se encontram no interior é especialmente proeminente na água, devido às fortes forças de ligação de hidrogénio. A diferença entre as forças experimentadas por uma molécula à superfície e uma molécula no líquido a granel dá origem à tensão superficial do líquido.
Este desenho mostra duas moléculas de água, uma à superfície e outra no interior do líquido. A molécula da superfície é atraída pelas suas vizinhas de baixo e de ambos os lados, mas não existem atracções que

apontem para o ângulo sólido de 180° acima da superfície. Como consequência, uma molécula à superfície tenderá a ser atraída para o interior do líquido. Mas como tem de haver sempre alguma superfície, o efeito global é minimizar a área da superfície de um líquido.

Pegue numa tigela de plástico da sua cozinha e salpique um pouco de água dentro dela. Provavelmente observará que a água não cobre a superfície interior uniformemente, mas fica dispersa em gotas. O mesmo efeito é observado num para-brisas sujo; ao ligar os limpa para-brisas, as centenas de gotas são simplesmente divididas em milhares. Em contrapartida, a água derramada sobre uma superfície de vidro limpa molha-a, deixando uma película uniforme.

Quando um líquido está em contacto com uma superfície sólida, o seu comportamento depende das magnitudes relativas das forças de tensão superficial e das forças de atração entre as moléculas do líquido e as que compõem a superfície. Se uma molécula de água for mais fortemente atraída pela sua própria espécie, então a tensão superficial dominará, aumentando a curvatura da interface. É o que acontece na interface entre a água e uma superfície hidrofóbica, como uma taça de plástico ou um para-brisas revestido de material oleoso. Uma superfície limpa de vidro , a água, pelo contrário, tem grupos -OH que se ligam facilmente às moléculas de água através de ligações de hidrogénio; isto faz com que a água se espalhe uniformemente sobre a superfície, ou a molhe. Um líquido molha uma superfície se o ângulo em que entra em contacto com a superfície for superior a 90°. O valor deste ângulo de contacto pode ser previsto a partir das propriedades do líquido e do sólido separadamente.

Se quisermos que a água molhe uma superfície que normalmente não é molhável, adicionamos adetergente à água para reduzir a sua tensão superficial. Um detergente é um tipo especial de molécula em que uma extremidade é atraída pelas moléculas de água, mas a outra não, pelo que estas extremidades sobressaem acima da superfície e repelem-se mutuamente, anulando as forças de tensão superficial devidas apenas às moléculas de água.

Regar o líquido

Não há provavelmente nenhum líquido que tenha sido objeto de um estudo mais intensivo, existindo atualmente uma enorme literatura sobre este assunto.

Os seguintes factos estão bem estabelecidos:

- as moléculas de água atraem-se umas às outras através de um tipo especial de interação dipolo-dipolo conhecida como ligação de hidrogénio.
- um aglomerado de ligações de hidrogénio em que quatro águas estão localizadas nos cantos de um tetraedro imaginário é uma configuração especialmente favorável (baixa energia potencial), mas...
- as moléculas sofrem movimentos térmicos rápidos numa escala de tempo de picossegundos (10-12 segundos), pelo que o tempo de vida de qualquer configuração específica de aglomerado será fugazmente breve.

Foram utilizadas várias técnicas, incluindo a absorção de infravermelhos, a dispersão de neutrões e a ressonância magnética nuclear, para investigar a estrutura microscópica da água. A informação obtida a partir destas experiências e de cálculos teóricos levou ao desenvolvimento de cerca de vinte "modelos" que tentam explicar a estrutura e o comportamento da água. Mais recentemente, foram utilizadas simulações computacionais de vários tipos para explorar a capacidade destes modelos para prever as propriedades físicas observadas da água.

Este trabalho conduziu a um refinamento gradual das nossas opiniões sobre a estrutura da água líquida, mas não produziu qualquer resposta definitiva. Há várias razões para este facto, mas a principal é que o próprio conceito de "estrutura" (e de "aglomerados" de água) depende tanto do período de tempo como do volume em consideração. Assim, continuam em aberto questões dos seguintes tipos:

- Uma vez que as ligações de hidrogénio individuais estão continuamente a quebrar-se e a formar-se de novo numa escala de tempo de picossegundos, será que os aglomerados de água têm alguma existência significativa durante períodos de tempo mais longos? Por outras palavras, os aglomerados são transitórios, enquanto que a "estrutura" implica um arranjo molecular mais duradouro. Poderemos então utilizar legitimamente o termo "aglomerados" para descrever a estrutura da água?
- As localizações possíveis das moléculas vizinhas em torno de uma dada ÁGUA são limitadas por considerações energéticas e geométricas, dando assim origem a uma certa quantidade de "estrutura" dentro

de qualquer elemento de volume pequeno. Não é claro, no entanto, até que ponto estas estruturas interagem à medida que o tamanho do elemento de volume aumenta. E, como já foi referido, em que medida é que estas estruturas se mantêm durante períodos superiores a alguns picossegundos?

A ideia, desenvolvida pela primeira vez nos **anos 50**, de que a água é **um** conjunto de **"aglomerados** cintilantes" de tamanhos **variáveis** (à direita) foi gradualmente abandonada por ser **incapaz** de **explicar** muitas das **propriedades** observadas do líquido.

Água líquida e sólida

O gelo, **como** todos os sólidos, tem uma estrutura bem definida; cada **molécula** de água está rodeada por **quatro** águas vizinhas. Duas delas estão ligadas por hidrogénio ao átomo **de oxigénio** da molécula de água central, e cada um dos dois átomos de hidrogénio está ligado de forma semelhante à água vizinha.

As **ligações** de hidrogénio são **representadas pelas** linhas tracejadas neste diagrama **esquemático** bidimensional. Na realidade, as quatro ligações de **cada átomo** de O apontam para os quatro **cantos** de um tetraedro centrado no átomo de O. Este conjunto básico **repete-se** em três dimensões para construir o cristal de gelo.

Quando o gelo **derrete** para formar água líquida, a organização **tetraédrica** tridimensional uniforme **do** sólido desfaz-se à medida que **os movimentos** térmicos perturbam, **distorcem** e, ocasionalmente, quebram **as ligações** de hidrogénio. Os métodos utilizados para determinar as posições das **moléculas num** sólido **não** funcionam com **líquidos**, pelo que **não** existe uma forma inequívoca de determinar a estrutura detalhada da água. A ilustração aqui apresentada é provavelmente típica do arranjo de vizinhos em torno de uma molécula de ÁGUA **em particular**, mas muito pouco se sabe sobre **a** extensão **em** que um arranjo como este **se** propaga para moléculas mais distantes.

Aqui estão vistas tridimensionais de uma estrutura local típica da água (esquerda**)** e do gelo (direita**)**. Repare na maior abertura da estrutura do gelo, que **é necessária** para assegurar o mais forte grau **de** ligação de **hidrogénio** numa **rede cristalina** uniforme e alargada. O arranjo mais aglomerado e desordenado na água líquida **pode ser** sustentado **apenas pela maior quantidade de energia térmica** disponível acima do ponto de congelamento.

"Água "pura

Para um **químico**, o termo "puro" só tem significado **no** contexto de uma determinada aplicação **ou** processo. A água destilada ou desionizada que utilizamos **no laboratório** contém gases atmosféricos **dissolvidos** e, **ocasionalmente**, alguma **sílica**, mas as suas pequenas quantidades e **relativa inércia** tornam estas impurezas insignificantes para a maioria dos fins. Quando é **necessária água** da mais alta pureza possível **para** certos tipos de medições **exactas**, esta é normalmente **filtrada**, desionizada e destilada em triplo **vácuo**. Mas mesmo esta água "quimicamente pura" é uma mistura de espécies isotópicas: existem dois isótopos estáveis de hidrogénio (H1 e H2, este último frequentemente denotado por D) e de oxigénio (O16 e O18) que dão origem a combinações como H2O18, HDO16, etc., todas elas facilmente identificáveis nos espectros de **infravermelhos** do vapor de água. Além disso, os dois átomos de hidrogénio da **água** contêm **protões** cujos momentos magnéticos podem ser paralelos ou **antiparalelos**, dando **origem** a

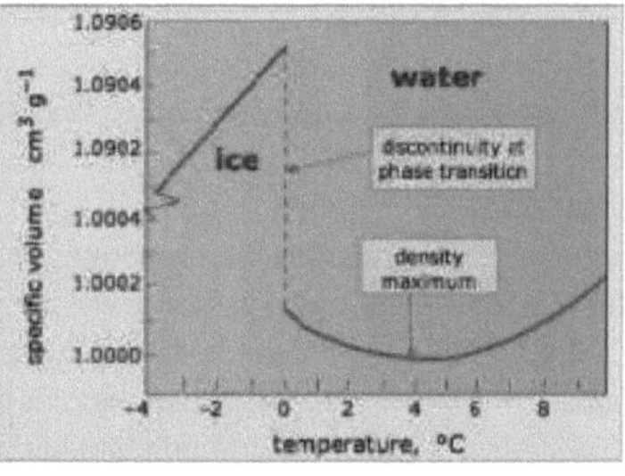

orto e para-água, respetivamente. As duas formas estão normalmente presentes numa relação o/p de 3:1.

A quantidade de isótopos raros de oxigénio e hidrogénio na água varia o suficiente de local para local, sendo agora possível determinar com alguma precisão a idade e a origem de uma determinada amostra de água. Estas diferenças reflectem-se nos perfis isotópicos de H e O dos organismos. Assim, a análise isotópica do cabelo humano pode ser um instrumento útil para a investigação criminal e para a investigação antropológica.

Verificou-se recentemente (Langmuir 2003, 19, 6851-6856) que a água recém-destilada leva um tempo surpreendentemente longo a equilibrar-se com a atmosfera, que sofre grandes flutuações no pH e no potencial redox, e que estes efeitos são maiores quando a água é exposta a um campo magnético. As razões para este comportamento não são claras, mas uma possibilidade é que os moléculas de O2 dissolvidas, que são paramagnéticas, possam estar envolvidas.

Água potável

A nossa água potável comum, pelo contrário, nunca é quimicamente pura, especialmente se tiver estado em contacto com sedimentos. As águas subterrâneas (de nascentes ou poços) contêm sempre iões de cálcio e magnésio, e muitas vezes também ferro e manganês; as cargas positivas destes iões são equilibradas pelos iões negativos carbonato/bicarbonato e, ocasionalmente, algum cloreto e sulfato. Em algumas regiões, as águas subterrâneas contêm concentrações inaceitavelmente elevadas de elementos tóxicos naturais, como o selénio e o arsénio.

Poder-se-ia pensar que a chuva ou a neve estariam isentas de contaminação, mas quando o vapor de água se condensa na atmosfera, fá-lo sempre sobre uma partícula de poeira que liberta substâncias para a água, e mesmo o ar mais puro contém dióxido de carbono que se dissolve para formar ácido carbónico. Exceto em atmosferas muito poluídas, as impurezas recolhidas pela neve e pela chuva são demasiado pequenas para serem preocupantes.

Que tipo de água é mais saudável para beber?

Não temos conhecimento de qualquer prova que indique que um determinado tipo de água (incluindo água altamente "pura") seja mais benéfico para a saúde do que qualquer outro, desde que a água esteja isenta de agentes patogénicos e cumpra as normas aceites, como as mencionadas acima. Para aqueles que são sensíveis ao cloro residual ou que ainda têm preocupações, um bom filtro de carvão ativado é geralmente satisfatório. Medidas mais extremas, como a osmose inversa ou a destilação, só se justificam em situações comprovadamente extremas.

A água da chuva "pura" contém sempre algum dióxido de carbono dissolvido, o que a torna ligeiramente ácida. Quando esta água entra em contacto com sedimentos, tem tendência a dissolvê-los, tornando-se alcalina. O pH da água potável pode variar entre cerca de 5 e 9 e não tem qualquer efeito sobre a saúde. A ideia de que a água alcalina é melhor para beber do que a água ácida é amplamente promovida por vendedores ambulantes de saúde alternativa que comercializam máquinas "ionizadoras de água" sem valor para este fim. A água ácida é por vezes descrita pelos engenheiros como "agressiva"; isto refere-se à sua tendência para corroer os tubos de distribuição de metal, mas neste sentido não é mais ativa do que o ácido clorídrico já presente no seu fluido gástrico.

Água sem iões

Ocasionalmente, ouve-se dizer que a água sem minerais, e especialmente a água destilada, não são saudáveis porque "lixiviam" os minerais necessários ao organismo. Isto não é verdade; o facto é que os iões minerais não atravessam as paredes celulares por difusão osmótica normal, mas são transportados ativamente por processos metabólicos. Um estudo alargado de 2008 não conseguiu confirmar relatórios anteriores segundo os quais um baixo teor de cálcio/magnésio na água potável está relacionado com doenças cardiovasculares. Qualquer dieta bem equilibrada deve fornecer todas as substâncias minerais de que necessitamos.

É bem sabido que as pessoas que praticam uma atividade física intensa ou que se encontram num ambiente muito quente devem evitar beber grandes quantidades de água, mesmo que seja água normal. Para evitar problemas graves de desequilíbrio eletrolítico, é necessário compensar os sais perdidos através da transpiração. Isto pode ser conseguido através da ingestão de alimentos ou bebidas salgadas (incluindo "bebidas desportivas"), ou comprimidos de sal.

A água no nosso corpo

Cerca de dois terços do peso de um ser humano adulto é constituído por água. Cerca de dois terços desta água estão localizados no interior das células, enquanto o terço restante é constituído por água extracelular, maioritariamente no plasma sanguíneo e no líquido intersticial que banha as células. Esta água, que corresponde a cerca de cinco por cento do peso corporal (cerca de 5 L no adulto), serve de fluido de suporte para as células sanguíneas e actua como meio de transporte de substâncias químicas entre as células e o ambiente externo. É basicamente uma solução 0,15M de sal (NaCl) contendo pequenas quantidades de outros electrólitos, sendo os mais importantes o bicarbonato (HCO_3^-) e os aniões proteicos.

O conteúdo de água do nosso corpo é rigorosamente controlado, tanto no que diz respeito ao volume total como ao conteúdo de substâncias dissolvidas, em particular iões. A água potável constitui apenas uma fonte

de água; muitos alimentos, especialmente os que contêm células (frutas, legumes, carnes) são uma importante fonte secundária. Para além disso, uma quantidade considerável de água (350-400 mL/dia) é produzida metabolicamente - isto é, a partir da oxidação da glucose derivada dos alimentos.
A quantidade de água trocada nas várias partes do nosso corpo é surpreendentemente grande. Os rins processam cerca de 180 L/dia, devolvendo a maior parte da água à corrente sanguínea. O fluxo linfático é de 1 a 2,5 L/dia e a circulação de fluidos no intestino é de 8 a 9 L/dia. Estes valores são insignificantes quando comparados com os 80 000 L/dia de água que se difunde em ambas as direcções através das paredes dos capilares.

Que quantidade de água devo beber?

A ideia de que toda a gente deve beber "oito copos" de água por dia é uma daquelas lendas urbanas que parece nunca desaparecer; é muito bem desmascarada neste site de mitos médicos.

A perda diária de água do corpo

- *Perda pela respiração: 800 mL*
- *Perda mínima de suor: 100 ml*
- *Perda fecal: 200 ml*
- *Perda mínima de urina: 500 ml*

Total: 1600 ml

Em última análise, a ingestão total de água e a produção metabólica devem equilibrar a perda de água. Para um adulto saudável e sem stress, os valores aqui apresentados são valores mínimos típicos. Observe que a maior perda é através da simples respiração. A perda urinária mínima é determinada pela necessidade de remover sais e outros solutos ingeridos com os alimentos ou produzidos por processos metabólicos. Os indivíduos (como muitos idosos) com função renal reduzida produzem uma urina mais diluída, pelo que têm de ingerir mais água. E, claro, os factores de stress, como o exercício físico extenuante, a exposição a temperaturas muito elevadas ou a diarreia, podem aumentar muito a necessidade de ingestão de água.
O consumo de quantidades excessivamente grandes de água pode levar a um desequilíbrio eletrolítico que resulta em intoxicação por água. As crianças, com as suas baixas massas corporais, são especialmente susceptíveis. Um relatório de 2008 recomenda que nunca se dê água a bebés pequenos.

Águas Livres e Ligadas

A água é abundante em todos os seres vivos e, consequentemente, em quase todos os alimentos, a menos que tenham sido tomadas medidas para a remover.
A maioria dos alimentos naturais contém água até 70% do seu peso ou mais, exceto se forem desidratados, e os frutos e legumes contêm água até 90% ou mais.
A água que pode ser facilmente extraída dos alimentos por espremer, cortar ou pressionar é conhecida como água livre, enquanto a água que não pode ser extraída facilmente é denominada água ligada.
A água ligada é geralmente definida em termos das formas como é medida; diferentes métodos de medição dão valores diferentes para a água ligada num determinado alimento.
Muitos constituintes alimentares podem ligar ou reter moléculas de água de tal forma que não podem ser facilmente removidas e não se comportam como água líquida. Algumas caraterísticas da água ligada incluem:

- Não é livre para atuar como solvente de sais e açúcares
- Só pode ser congelado a temperaturas muito baixas (abaixo do ponto de congelação da água).
- Não apresenta essencialmente qualquer pressão de vapor
- A sua densidade é superior à da água livre

A água ligada tem mais ligações estruturais do que a água líquida ou livre, pelo que é incapaz de atuar como solvente.
Como a pressão de vapor é insignificante, as moléculas não podem escapar como vapor; e as moléculas na água ligada estão mais compactadas do que no estado líquido. Por isso, a densidade é maior.
Um exemplo de água ligada é a água presente nos cactos ou nas agulhas dos pinheiros - a água não pode ser espremida ou pressionada para fora; o calor extremo da sobremesa ou o congelamento do inverno não afectam negativamente a água ligada e a vegetação permanece viva.
Mesmo após a desidratação, os alimentos contêm água ligada.

Atividade da água nos alimentos

A atividade da água ou aw é a pressão parcial de vapor da água numa substância dividida pela pressão parcial de vapor da água no estado padrão. No domínio da ciência alimentar, o estado padrão é mais frequentemente definido como a pressão parcial de vapor da água pura à mesma temperatura. Utilizando esta definição particular, a água destilada pura tem uma atividade de água de exatamente um. Com o aumento da temperatura, a awtipicamente aumenta, exceto em alguns produtos com sal cristalino ou açúcar

Substâncias com aw mais elevado tendem a suportar mais microrganismos. As bactérias necessitam normalmente de pelo menos 0,91 e os fungos de pelo menos 0,7.

A água migra de áreas de aw elevado para áreas de aw baixo. Por exemplo, se o mel (aw ≈ 0,6) for exposto a ar húmido (aw ≈ 0,7), o mel absorve água do ar. Se o salame (aw ≈ 0,87) for exposto a ar seco (aw ≈ 0,5), o salame seca, o que o pode conservar ou estragar.

A atividade da água é uma consideração importante para a conceção de produtos alimentares e para a segurança alimentar.

Neste planeta, a água é a única substância que ocorre abundantemente nos três estados físicos. É o nosso único líquido comum e é o nosso coloide puro mais distribuído, estando presente algures na atmosfera como partículas de gelo em suspensão ou na superfície da Terra como vários tipos de neve e gelo. Como é evidente na tabela abaixo, a água é o principal componente da maioria dos alimentos, e cada um tem o seu próprio conteúdo de água caraterístico.

É essencial à vida como transportador de nutrientes e resíduos, como reagente e meio de reação, como estabilizador da conformação dos biopolímeros, como determinante da reatividade das proteínas e de outras formas.

A sua presença na quantidade, localização e orientação corretas é necessária para a viabilidade da matéria biológica e para a qualidade aceitável dos alimentos. No entanto, o grande conteúdo de água dos alimentos nativos e da matéria biológica necessita de um método efetivo de preservação se for desejado um armazenamento a longo prazo. É de interesse mais do que passageiro o facto de a remoção de água, quer por desidratação convencional, quer por separação local sob a forma de cristais de gelo puro, alterar grandemente as propriedades nativas dos alimentos e da matéria biológica. Pior ainda são as tentativas de devolver a água à sua posição original (re-hidratação, descongelação) que nunca são mais do que parcialmente bem sucedidas. Existe, portanto, uma ampla justificação para estudar a água e o gelo com bastante cuidado.

VEGETAIS E FRUTAS

No uso quotidiano, um vegetal é qualquer parte de uma planta que é consumida pelos seres humanos como alimento, como parte de uma refeição saborosa. O termo "legume" é algo arbitrário, e em grande parte definido pela tradição culinária e cultural. Normalmente exclui outros alimentos derivados de plantas, como frutos, nozes e grãos de cereais, mas inclui sementes como as leguminosas. O significado original da palavra vegetal, ainda usado em biologia, era descrever todos os tipos de plantas, como nos termos "reino vegetal" e "matéria vegetal".

Os legumes podem ser consumidos crus ou cozinhados e desempenham um papel importante na nutrição humana, sendo na sua maioria pobres em gorduras e hidratos de carbono, mas ricos em vitaminas, minerais e fibras. Muitos governos incentivam os seus cidadãos a consumir muita fruta e legumes, sendo frequentemente recomendadas cinco ou mais porções por dia.

Importância nutricional

Os legumes desempenham um papel importante na alimentação humana. A maioria tem baixo teor de gordura e calorias, mas são volumosos e saciam. Fornecem fibras alimentares e são fontes importantes de vitaminas, minerais e oligoelementos essenciais. Particularmente importantes são as vitaminas antioxidantes A, C e E. Quando os legumes são incluídos na dieta, verifica-se uma redução da incidência de cancro, acidentes vasculares cerebrais, doenças cardiovasculares e outras doenças crónicas. A investigação demonstrou que, em comparação com os indivíduos que ingerem menos de três porções de frutas e legumes por dia, os que ingerem mais de cinco porções têm um risco aproximadamente vinte por cento inferior de desenvolver doença coronária ou acidente vascular cerebral. O conteúdo nutricional dos legumes varia consideravelmente; alguns contêm quantidades úteis de proteínas, embora geralmente contenham pouca gordura, e proporções variáveis de vitaminas como a vitamina A, a vitamina K e a vitamina B6, provitaminas, minerais dietéticos e hidratos de carbono. Os legumes contêm uma grande variedade de outros fitoquímicos (compostos vegetais bioactivos não nutritivos), alguns dos quais têm alegadamente propriedades antioxidantes, antibacterianas, antifúngicas, antivirais e anticarcinogénicas.

No entanto, muitas vezes os legumes também contêm toxinas e antinutrientes que interferem com a absorção dos nutrientes. Entre eles, contam-se a α-solanina, a α-chaconina, os inibidores enzimáticos (da colinesterase, da protease, da amilase, etc.), o cianeto e os precursores do cianeto, o ácido oxálico e outros. Estas toxinas são defesas naturais, utilizadas para afastar os insectos, os predadores e os fungos que podem atacar a planta. Alguns feijões contêm fitohemaglutinina e as raízes de mandioca contêm glicosídeo cianogénico, tal como os rebentos de bambu. Estas toxinas podem ser desactivadas através de uma cozedura adequada. As batatas verdes contêm glicoalcalóides e devem ser evitadas.

A higiene é importante quando se manipulam alimentos que vão ser consumidos crus, e esses produtos têm de ser corretamente limpos, manuseados e armazenados para limitar a contaminação.

Armazenamento

Todos os produtos hortícolas beneficiam de cuidados pós-colheita adequados. Uma grande parte dos produtos hortícolas e dos alimentos perecíveis perde-se após a colheita, durante o período de armazenamento. Estas perdas podem atingir trinta a cinquenta por cento nos países em desenvolvimento onde não existem instalações adequadas de armazenagem frigorífica. As principais causas de perda incluem a deterioração causada pela humidade, bolores, microrganismos e parasitas.

A armazenagem pode ser de curto ou de longo prazo. A maior parte dos produtos hortícolas são perecíveis e o armazenamento a curto prazo, durante alguns dias, permite flexibilidade na comercialização. Durante o armazenamento, os legumes de folha perdem humidade e a vitamina C neles contida degrada-se rapidamente. Alguns produtos, como as batatas e as cebolas, têm melhores qualidades de conservação e podem ser vendidos quando os preços são mais elevados e, ao prolongar a época de comercialização, pode ser vendido um maior volume total da colheita. Se não houver armazenamento refrigerado disponível, a prioridade para a maioria das culturas é armazenar produtos de alta qualidade, manter um elevado nível de humidade e manter os produtos à sombra.

O armazenamento pós-colheita adequado, com o objetivo de prolongar e garantir o prazo de validade, é melhor conseguido através de uma aplicação eficiente da cadeia de frio. A armazenagem a frio é particularmente útil para produtos hortícolas como a couve-flor, a beringela, a alface, o rabanete, os espinafres, as batatas e os tomates, dependendo a temperatura óptima do tipo de produto. Existem tecnologias de controlo da temperatura que não requerem a utilização de eletricidade, como o arrefecimento evaporativo. O armazenamento de frutas e produtos hortícolas em atmosferas controladas com elevados níveis de dióxido de carbono ou elevados níveis de oxigénio pode inibir o crescimento microbiano e prolongar o tempo de armazenamento.

A irradiação de produtos hortícolas e outros produtos agrícolas por radiação ionizante pode ser utilizada para os preservar de infecções microbianas e de danos provocados por insectos, bem como da deterioração física. Pode prolongar o tempo de armazenamento dos alimentos sem alterar visivelmente as suas propriedades.

Preservação

O objetivo da conservação dos produtos hortícolas é prolongar a sua disponibilidade para consumo ou comercialização. O objetivo é colher o alimento no seu estado máximo de palatabilidade e valor nutritivo e conservar essas qualidades durante um período prolongado. As principais causas de deterioração dos produtos hortícolas após a sua colheita são a ação das enzimas naturais e a deterioração causada por microrganismos. O enlatamento e a congelação são as técnicas mais utilizadas, e os produtos hortícolas conservados por estes métodos têm, em geral, um valor nutricional semelhante ao dos produtos frescos comparáveis no que respeita a carotenóides, vitamina E, minerais e fibras alimentares.

O enlatamento é um processo durante o qual as enzimas dos vegetais são desactivadas e os microrganismos presentes são mortos pelo calor. A lata selada exclui o ar do género alimentício para evitar a sua deterioração subsequente. O calor necessário e o tempo mínimo de processamento são utilizados para evitar a degradação mecânica do produto e para preservar o sabor tanto quanto possível. A lata pode então ser armazenada à temperatura ambiente durante um longo período.

A congelação de produtos hortícolas e a manutenção da sua temperatura a menos de -10 °C (14 °F) evitará a sua deterioração durante um curto período, ao passo que é necessária uma temperatura de -18 °C (0 °F) para uma armazenagem a longo prazo. A ação enzimática será apenas inibida e o branqueamento de legumes preparados de forma adequada antes da congelação atenua esta situação e evita o desenvolvimento de sabores estranhos. Nem todos os microrganismos são mortos a estas temperaturas e, após a descongelação, os legumes devem ser utilizados imediatamente, pois, caso contrário, os micróbios presentes podem proliferar.

Tradicionalmente, a secagem ao sol tem sido utilizada para alguns produtos como o tomate, os cogumelos e o feijão, espalhando os produtos em prateleiras e virando a cultura a intervalos regulares. Este método sofre de várias desvantagens, incluindo a falta de controlo sobre as taxas de secagem, a deterioração quando a secagem é lenta, a contaminação por sujidade, a humidade provocada pela chuva e o ataque de roedores, aves e insectos. Os produtos secos devem ser impedidos de reabsorver a humidade durante a armazenagem.

Níveis elevados de açúcar e de sal podem conservar os alimentos, impedindo o desenvolvimento de microrganismos. O feijão verde pode ser salgado, colocando as vagens em camadas de sal, mas este método de conservação não é adequado para a maioria dos legumes. A couve-da-terra, a beterraba, a cenoura e alguns outros legumes podem ser cozidos com açúcar para criar compotas. O vinagre é muito utilizado na conservação de alimentos; uma concentração suficiente de ácido acético impede o desenvolvimento de microrganismos destrutivos, facto que é aproveitado na preparação de pickles, chutneys e condimentos. A fermentação é outro método de conservação de vegetais para utilização posterior. O chucrute é feito a partir de couve picada e depende de bactérias de ácido lático que produzem compostos inibidores do crescimento de outros microrganismos.

EFEITO DA COZEDURA NOS LEGUMES

A dona de casa deve compreender bem as diferentes formas de cozedura que afectam os legumes. Em primeiro lugar, alguns métodos conservam o material alimentar, enquanto outros o desperdiçam.

1. Por exemplo, a cozedura em água, que é provavelmente uma das formas mais comuns de cozinhar legumes, é decididamente vantajosa em alguns aspectos, mas a água dissolve grande parte do material solúvel, como sais minerais, açúcar, etc., encontrado nos legumes, de modo que, a menos que se faça algum uso desta água na cozedura de outros alimentos, resulta num desperdício considerável.
2. Por outro lado, a cozedura a vapor e a cozedura em forno não permitem qualquer perda de matéria alimentar, pelo que devem ser aplicadas aos produtos hortícolas sempre que se pretenda conservar as substâncias alimentares.

Instruções:

- Os sabores dos legumes sofrem grandes alterações durante o processo de cozedura, sendo aumentados em alguns casos e diminuídos noutros. No caso dos legumes de sabor forte como a couve, a couve-flor, a cebola, etc., é aconselhável dissipar parte do sabor.
- Por conseguinte, estes legumes devem ser cozinhados num recipiente aberto, para que o sabor possa ser reduzido por evaporação. Os legumes de sabor suave, no entanto, são melhorados se forem cozinhados num recipiente fechado, pois todo o seu sabor deve ser mantido.

A cozedura excessiva dos legumes é, por vezes, responsável pelo aumento de um sabor desagradável. Outra caraterística dos legumes frequentemente alterada pela cozedura é a sua cor. Por exemplo, os legumes verdes, após a cozedura, nem sempre permanecem verdes. Em muitos casos, a cor pode ser melhorada adicionando uma quantidade muito pequena de soda à água em que os legumes são cozinhados.

Deve também prestar-se atenção ao tempo de exposição dos produtos hortícolas ao calor, pois a cozedura excessiva de alguns produtos hortícolas pode provocar o desenvolvimento de uma cor pouco atraente.

É o caso, em particular, da couve, da couve-flor e da couve-de-bruxelas, que desenvolvem não só um sabor forte e desagradável, mas também uma cor avermelhada quando cozinhadas durante demasiado tempo.

A aplicação de calor aos legumes também tem um efeito definitivo sobre eles. Com uma cozedura suficiente, a celulose dos legumes é amolecida ao ponto de ser menos irritante e muito mais suscetível de ser parcialmente digerida do que a dos legumes crus. Os ácidos dos frutos aumentam com a cozedura, pelo que a acidez dos legumes aumenta até certo ponto.

Os vegetais que contêm amido só se tornam digeríveis através da cozedura. Por outro lado, a matéria proteica destes alimentos é coagulada pela aplicação de calor, tal como a clara de um ovo ou o tecido da carne são coagulados e endurecidos. No entanto, a cozedura é o único meio de amolecer a celulose que envolve este material.

No entanto, os alimentos ricos em proteínas, como o feijão, as ervilhas e as lentilhas, podem ser muito melhorados se forem cozinhados numa água que não seja muito dura. A cal presente na água dura tem tendência a endurecê-los ao ponto de exigirem um tempo de cozedura muito mais longo do que quando se utiliza água macia.

Estes legumes podem ser ainda mais macios com a adição de uma pequena quantidade de soda à água em que são cozinhados, mas deve ter-se o cuidado de não utilizar demasiada soda, pois esta prejudica o sabor. Quando se utiliza soda, o legume deve ser parboilizado durante 10 ou 15 minutos na água com soda, sendo depois escorrido e cozinhado em água fresca. Este método, evidentemente, não se aplica aos legumes que são cozinhados em água com soda para conservar a sua cor. O sal é sempre adicionado na cozedura dos legumes para os temperar. Na utilização do sal, há que ter em conta dois pontos importantes: em primeiro lugar, que tem o efeito de endurecer os tecidos do legume, da mesma forma que endurece os tecidos da carne; e, em segundo lugar, que ajuda a extrair o sabor dos legumes.

Estes dois factos determinam em grande medida o momento de adicionar o sal. Se um vegetal velho, duro e de inverno for preparado, deve ser cozinhado até ficar quase mole em água sem sal e o sal deve ser adicionado imediatamente antes de terminar a cozedura.

- Quando se pretende realçar o sabor, como, por exemplo, quando se cozinham legumes para sopas ou guisados, o sal deve ser fornecido quando os legumes são postos a cozer.
- Os legumes jovens e tenros podem ser cozinhados em água salgada, mas como essa água

extrai uma certa quantidade de sabor, deve ser feito um esforço para a utilizar na preparação de guisados, molhos e sopas.

Fruta

Em botânica, um fruto é a estrutura que contém sementes nas plantas com flor (também conhecidas como angiospérmicas), formada a partir do ovário após a floração. Os frutos comestíveis, em particular, propagaram-se com os movimentos dos seres humanos e dos animais numa relação simbiótica como meio de dispersão de sementes e de nutrição; de facto, os seres humanos e muitos animais tornaram-se dependentes dos frutos como fonte de alimento. Assim, os frutos representam uma fração substancial da produção agrícola mundial e alguns (como a maçã e a romã) adquiriram significados culturais e simbólicos extensos.

Na linguagem comum, "fruto" significa normalmente as estruturas carnudas associadas às sementes de uma planta que são doces ou ácidas e comestíveis em estado bruto, tais como maçãs, bananas, uvas, limões, laranjas e morangos. Por outro lado, no uso botânico, "fruto" inclui muitas estruturas que não são vulgarmente chamadas "frutos", como vagens de feijão, grãos de milho, tomates e grãos de trigo. A secção do fungo que produz esporos também é chamada de corpo de frutificação.

Frutos botânicos e frutos culinários

Muitos termos comuns para sementes e frutos não correspondem às classificações botânicas. Na terminologia culinária, um fruto é geralmente qualquer parte vegetal de sabor doce, especialmente um fruto botânico; uma noz é qualquer produto vegetal duro, oleoso e sem casca; e um legume é qualquer produto vegetal saboroso ou menos doce. No entanto, em botânica, um fruto é o ovário ou carpelo amadurecido que contém sementes, uma noz é um tipo de fruto e não uma semente, e uma semente é um óvulo amadurecido. Exemplos de "legumes" culinários e frutos secos que são botanicamente frutos incluem o milho, as cucurbitáceas (por exemplo, pepino, abóbora e abóbora), a beringela, as leguminosas (feijão, amendoim e ervilhas), o pimento doce e o tomate. Além disso, algumas especiarias, como a pimenta da Jamaica e a pimenta malagueta, são frutos, do ponto de vista botânico. Em contrapartida, o ruibarbo é frequentemente referido como um fruto, porque é utilizado para fazer sobremesas doces, como tartes, embora apenas o pecíolo (caule da folha) da planta do ruibarbo seja comestível, e as sementes de gimnospérmicas comestíveis recebem frequentemente nomes de frutos, por exemplo, ginkgonuts e pinhões.

Botanicamente, um grão de cereal, como o milho, o arroz ou o trigo, é também um tipo de fruto, denominado cariopse. No entanto, a parede do fruto é muito fina e está fundida com o revestimento da semente, pelo que quase todo o grão comestível é, na realidade, uma semente.

Estrutura do fruto

A camada exterior, muitas vezes comestível, é o pericarpo, formado a partir do ovário e que envolve as sementes, embora nalgumas espécies outros tecidos contribuam para ou formem a parte comestível. O pericarpo pode ser descrito em três camadas, do exterior para o interior: o epicarpo, o mesocarpo e o endocarpo.

Utilizações

Muitas centenas de frutos, incluindo os frutos carnudos (como a maçã, o kiwi, a manga, o pêssego, a pera e a melancia) têm valor comercial como alimentos humanos, consumidos tanto frescos como em compotas, marmelada e outras conservas. Os frutos são também utilizados em alimentos manufacturados (por exemplo, bolos, biscoitos, gelados, muffins ou iogurte) ou bebidas, como sumos de fruta (por exemplo, sumo de maçã, sumo de uva ou sumo de laranja) ou bebidas alcoólicas (por exemplo, brandy, cerveja de fruta ou vinho).

Muitos "legumes" na linguagem culinária são frutos botânicos, incluindo o pimento, o pepino, a beringela, o feijão verde, o quiabo, a abóbora, a abóbora, o tomate e a curgete. A azeitona é prensada para obter o azeite. Especiarias como a pimenta da Jamaica, a pimenta preta, a paprica e a baunilha são derivadas de bagas.

Valor nutricional

Cada ponto refere-se a uma porção de 100 g de fruta fresca, a dose diária recomendada de vitamina C está no eixo X e mg de potássio (K) no eixo Y (compensado por 100 mg que cada fruta tem) e o tamanho do disco representa a quantidade de fibra (chave no canto superior direito). A melancia, que quase não tem fibra e tem baixos níveis de vitamina C e potássio, vem em último lugar. Os frutos frescos são geralmente ricos em fibra, vitamina C e água.

O consumo regular de fruta está geralmente associado a riscos reduzidos de várias doenças e declínios funcionais associados ao envelhecimento.

Segurança

Para a segurança alimentar, o CDC recomenda o manuseamento e a preparação adequados da fruta para reduzir o risco de contaminação alimentar e de doenças de origem alimentar. As frutas e os legumes frescos devem ser cuidadosamente selecionados; na loja, não devem estar danificados ou feridos; e as peças pré-cortadas devem ser refrigeradas ou rodeadas de gelo.

Todos os frutos e legumes devem ser lavados antes de serem consumidos. Esta recomendação também se aplica aos produtos com casca que não são consumidos. A lavagem deve ser efectuada imediatamente antes da preparação ou do consumo para evitar a deterioração prematura.

As frutas e os legumes devem ser mantidos separados de alimentos crus como carne, aves e marisco, bem como de utensílios que tenham estado em contacto com alimentos crus. As frutas e os legumes que não vão ser cozinhados devem ser deitados fora se tiverem tocado em carne crua, aves, marisco ou ovos.

Todos os frutos e legumes cortados, descascados ou cozinhados devem ser refrigerados no prazo de duas horas. Após um determinado período de tempo, podem desenvolver-se bactérias nocivas e aumentar o risco de doenças de origem alimentar.

Alergias

As alergias à fruta representam cerca de 10% de todas as alergias alimentares.

Armazenamento

Todos os frutos beneficiam de cuidados pós-colheita adequados e, em muitos frutos, a hormona vegetal etileno provoca o amadurecimento. Por conseguinte, manter a maioria dos frutos numa cadeia de frio eficiente é o ideal para o armazenamento pós-colheita, com o objetivo de prolongar e garantir o prazo de validade

Benefícios da fruta para a saúde

A fruta foi reconhecida como uma boa fonte de vitaminas e minerais e pelo seu papel na prevenção das carências de vitamina C e vitamina A. As pessoas que consomem fruta como parte de uma dieta global saudável têm geralmente um risco reduzido de doenças crónicas. O MyPlate da USDA incentiva a que metade do seu prato seja composto por frutas e legumes para uma alimentação saudável.

A fruta é uma fonte importante de muitos nutrientes, incluindo potássio, fibra, vitamina C e folato (ácido fólico). Experimente incorporar mirtilos, citrinos, arandos ou morangos, que contêm fitoquímicos que estão a ser estudados para obter benefícios adicionais para a saúde.

Comer fruta traz benefícios para a saúde

Os nutrientes da fruta são vitais para a saúde e manutenção do seu corpo. O potássio contido na fruta pode reduzir o risco de doenças cardíacas e acidentes vasculares cerebrais. O potássio também pode reduzir o risco de desenvolver pedras nos rins e ajudar a diminuir a perda óssea à medida que envelhece.

O folato (ácido fólico) ajuda o corpo a formar glóbulos vermelhos. As mulheres em idade fértil que podem engravidar e as que estão no primeiro trimestre de gravidez precisam de folato adequado. O folato ajuda a prevenir defeitos congénitos do tubo neural, como a espinha bífida.

Mais benefícios da fruta para a saúde:

- Uma dieta rica em fruta pode reduzir o risco de acidente vascular cerebral, outras doenças cardiovasculares e diabetes tipo 2.
- Um padrão alimentar que contenha fruta faz parte de uma dieta globalmente saudável e pode proteger contra certos tipos de cancro.
- A fruta ajuda a manter uma saúde óptima devido aos fitoquímicos promotores de saúde que contém - muitos dos quais ainda estão a ser identificados.
- Recomenda-se uma a 2-1/2 chávenas de fruta por dia, dependendo de como quantas calorias precisa. Para descobrir a quantidade de fruta de que necessita, experimente o Healthy Eating Planner.

Métodos de cozedura de legumes e frutas

Método	Vegetais	Fruta
Ebulição	A fervura consiste em cozinhar em água com ou sem sal. Os legumes verdes são iniciados em água a ferver e depois colocados em água fria para impedir que continuem a cozer e percam a cor. As raízes são iniciadas em água fria. É fácil cozer demasiado com este método, o que resultará na perda de sabor, nutrientes e cor.	
Cozinhar a vapor	A cozedura a vapor é boa para reter os nutrientes, como as vitaminas B e C. É necessário ter cuidado para não cozer demasiado os legumes se utilizar uma panela de pressão ou uma panela a vapor, uma vez que estas reduzem o tempo de cozedura.	
Refogar	O refogado é um método lento de cozedura em líquido. Atualmente, não é muito utilizado porque o tempo de preparação é demasiado longo.	
Assar	A torrefação é adequada para cozinhar legumes ricos em amido, como as batatas e as abóboras. Os legumes são normalmente assados a 190-200°C.	
Cozinhar	A cozedura é adequada para os legumes que formam vapor e que se mantêm húmidos durante a cozedura. Manter as peles dos legumes inteiros durante a cozedura ajuda a manter o vapor. Os legumes mais frequentemente cozinhados vegetal é a batata. Os legumes são normalmente cozinhados a cerca de 180-220°C.	As maçãs são um dos frutos que se cozem. Caso contrário, a fruta pode ser cozida em Papilotte. Neste caso, a fruta é embrulhada e cozida em massa folhada ou filo, o que mantém o aroma e o sabor
Grelhar	Os grelhados são adequados para legumes como como tomates, cogumelos e beringelas.	
Fritura	A fritura inclui a fritura por imersão, superficial e profunda. A fritura é muito popular atualmente, pois é uma forma rápida de preparar legumes. Os legumes revestidos são geralmente fritos a pouca profundidade. Os exemplos incluem os fritos e os hambúrgueres. Os produtos ricos em amido são adequados para fritar, uma vez que não necessitam de revestimento.	Os pratos de fruta flambados são fritos em manteiga. Os bolinhos fritos de banana e ananás são fritos em imersão.

PIGMENTOS NATURAIS DE PLANTAS

Os pigmentos são compostos coloridos, orgânicos ou inorgânicos, geralmente insolúveis. Não são afectados física ou quimicamente no substrato em que são incorporados. Os pigmentos são uma gama completa de cores, que têm uma variedade de aplicações. Os pigmentos naturais são obtidos a partir de fontes vegetais e animais.

A principal função dos pigmentos nas plantas é a fotossíntese, que utiliza o pigmento verde clorofila juntamente com vários pigmentos vermelhos e amarelos que ajudam a captar o máximo de energia luminosa possível.

Outras funções dos pigmentos nas plantas incluem atrair insectos para as flores para encorajar a polinização. Os pigmentos vegetais incluem uma variedade de diferentes tipos de moléculas, incluindo porfirinas, carotenóides, antocianinas e betalaínas. Todos os pigmentos biológicos absorvem seletivamente certos comprimentos de onda da luz e reflectem outros.

Os principais pigmentos são:

1. Clorofila

A clorofila é o pigmento primário das plantas; é uma clorina que absorve os comprimentos de onda amarelos e azuis da luz e reflecte o verde. É a presença e a abundância relativa de clorofila que confere às plantas a sua cor verde. Todas as plantas terrestres e algas verdes possuem duas formas deste pigmento: a clorofila A e a clorofila B. As algas, diatomáceas e outros heteroctonos fotossintéticos contêm clorofila C em vez de B, enquanto as algas vermelhas possuem apenas clorofila A. Todas as clorofilas servem como o principal meio que as plantas utilizam para intercetar a luz, a fim de alimentar a fotossíntese.

2. Carotenoide

Os carotenóides são tetraterpenóides vermelhos, cor de laranja ou amarelos. Durante o processo de fotossíntese, desempenham funções na captação de luz (como pigmentos acessórios), na fotoprotecção (dissipação de energia através da extinção não fotoquímica, bem como na eliminação de oxigénio singlete para prevenção de danos foto-oxidativos) e também servem como elementos estruturais de proteínas. Nas plantas superiores, servem também como precursores da hormona vegetal ácido abscísico.

As plantas, em geral, contêm seis carotenóides omnipresentes: neoxantina, violaxantina, anteraxantina, zeaxantina, luteína e β-caroteno. A luteína é um pigmento amarelo que se encontra nas frutas e nos legumes e é o carotenoide mais abundante nas plantas. O licopeno é o pigmento vermelho responsável pela cor do tomate. Outros carotenóides menos comuns nas plantas incluem o epóxido de luteína (em muitas espécies lenhosas), a lactucaxantina (encontrada na alface) e o alfa-caroteno (encontrado nas cenouras). Nas cianobactérias, existem muitos outros carotenóides, como a ascanthaxantina, a mixoxantofila, a sinecoxantina e a equinenona. Os fototróficos das algas, como os dinoflagelados, utilizam a peridinina como pigmento de captação de luz. Embora os carotenóides possam ser encontrados complexados em proteínas de ligação à clorofila, como os centros de reação fotossintéticos e os complexos de colheita de luz, também se encontram em proteínas carotenóides específicas, como a proteína carotenoide laranja das cianobactérias.

3. Antocianina

As antocianinas (literalmente "azul da flor") são pigmentos flavonóides solúveis em água que aparecem de vermelho a azul, consoante o pH. Ocorrem em todos os tecidos das plantas superiores, conferindo cor às folhas, caule das plantas, raízes, flores e frutos, embora nem sempre em quantidades suficientes para serem perceptíveis. As antocianinas são mais visíveis nas pétalas das flores de muitas espécies.

4. Betalaína

As betalaínas são pigmentos vermelhos ou amarelos. Tal como as antocianinas, são solúveis em água, mas, ao contrário das antocianinas, são sintetizadas a partir da tirosina. Esta classe de pigmentos encontra-se apenas nas Caryophyllales (incluindo cactos e amaranto) e nunca ocorre em plantas com antocianinas. As betalaínas são responsáveis pela cor vermelha profunda da beterraba.

EFEITO DO CALOR NOS PIGMENTOS

As cores ricas e sedutoras que tornam as frutas, os legumes, as folhas e as flores frescas mais atraentes podem mudar quando aquecidas ou expostas ao ácido. As folhas de outono passam de verde a cores vivas e brilhantes. Quatro tipos de pigmentos vegetais comportam-se de forma diferente quando expostos ao calor ou à acidez, produzindo mudanças de cor.

Verde

Os pigmentos de clorofila dão às plantas a sua cor verde, e várias mudanças acontecem quando um vegetal verde entra em água a ferver. Em primeiro lugar, desenvolve-se uma cor verde mais brilhante, causada pela expansão dos gases e pela sua fuga dos espaços entre as células vegetais. O colapso destas bolsas de gás, bastante turvas, revela os cloroplastos de cor verde brilhante no interior das células. Uma segunda mudança de cor ocorre em resposta à água ácida: O ião magnésio no centro da molécula de clorofila é substituído por um átomo de hidrogénio, o que faz com que o verde se torne opaco. A clorofila A transforma-se em feofitina A cinzenta-esverdeada, e a clorofila B transforma-se em feofitina B amarelada. Se a água a ferver for ligeiramente alcalina, a clorofila mantém-se mais verde. Os vegetais fritos mudam para uma cor verde mais baça quando a temperatura atinge os 140 graus Fahrenheit. O calor danifica os cloroplastos, libertando ácidos celulares naturais que transformam o verde em verde-azeitona.

Vermelho e azul

Os vermelhos, azuis e roxos ocorrem devido a uma concentração de diferentes tipos de antocianinas, pigmentos solúveis em água contidos na seiva das células vegetais. O aquecimento não as altera, mas elas são vermelhas em condições ácidas e azuis ou roxas em condições alcalinas. A cor das folhas de outono ocorre quando a clorofila da folha morre. Os vermelhos e roxos intensos das antocianinas, que são constituídas por antocianinas e moléculas de glucose, formam-se melhor em resposta a dias de outono quentes e soalheiros, com temperaturas nocturnas frescas que não descem abaixo de zero. Estas condições conduzem a uma formação abundante de açúcar e a uma melhor produção de antocianinas. As folhas ficam vermelhas quando a seiva celular é ácida e arroxeadas ou azuis quando a seiva celular é alcalina. Os vegetais e frutos com antocianinas podem mudar completamente de cor em resposta à acidez ou alcalinidade. Em condições alcalinas, por vezes as folhas de couve-roxa tornam-se azul-púrpura quando cozinhadas, os frutos de mirtilo tornam-se verdes nas panquecas e os dentes de alho tornam-se verdes ou azuis quando em conserva.

Amarelo e laranja

Os carotenóides são mais solúveis na gordura do que na água, pelo que as suas cores não se desvanecem muito em resposta ao calor. No entanto, ocorrem algumas alterações, como o facto de as raízes das cenouras passarem de vermelho-alaranjado a amarelo quando cozinhadas. Quando os damascos coloridos e os tomates vermelhos brilhantes são secos ao sol, perdem muito do seu brilho, a menos que sejam tratados com o antioxidante dióxido de enxofre. Os carotenóides também têm uma cor menos intensa em condições ácidas.

Bibliografia

1. Food Microbiology, M.R. Adams, M.O. Moss edition second 1997.
2. Livro de Texto Avançado sobre Alimentação e Nutrição Vol I, terceira edição 2002
3. Livro de Texto Avançado sobre Alimentação e Nutrição Vol II, terceira edição 2002
4. Food Science Experiments and Applications Mohini Sethi, Eram S Rao edition second 2003
5. Gestão da restauração: uma abordagem integrada Mohini Sethi, Surjeet Malhan, terceira edição, 2015
6. Ciência Alimentar B. Srilakshmi, 2002
7. Dietetics B.Srilakshmi, quinta edição 2006
8. Medicina Preventiva e Social, K.Park edição 18,2005
9. Foods Facts and Principles, N.Shakuntala Manay M.Shadaksharswamy editon third 2005

Printed by Books on Demand GmbH, Norderstedt / Germany